U0234182

国家出版基金项目
NATIONAL PUBLICATION FOUNDATION

★ ★ ★
———— "十四五"时期 ————
国家重点出版物出版专项规划项目·重大出版工程

空间科学与技术研究丛书

深空探测器精密定轨原理与方法

PRECISE ORBIT DETERMINATION FOR DEEP SPACE PROBES: THEORIES AND METHODS

曹建峰 刘山洪 李 翙 编著

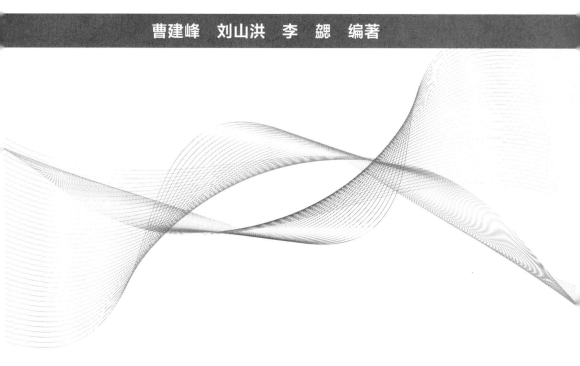

北京理工大学出版社
BEIJING INSTITUTE OF TECHNOLOGY PRESS

图书在版编目（CIP）数据

深空探测器精密定轨原理与方法 / 曹建峰，刘山洪，
李勰编著． --北京：北京理工大学出版社，2023.2
　ISBN 978 - 7 - 5763 - 2159 - 3

　Ⅰ. ①深… Ⅱ. ①曹… ②刘… ③李… Ⅲ. ①空间探
测器—卫星定轨 Ⅳ. ①V476

　　中国国家版本馆 CIP 数据核字（2023）第 035590 号

出版发行／北京理工大学出版社有限责任公司
社　　址／北京市海淀区中关村南大街 5 号
邮　　编／100081
电　　话／（010）68914775（总编室）
　　　　　（010）82562903（教材售后服务热线）
　　　　　（010）68944723（其他图书服务热线）
网　　址／http：//www.bitpress.com.cn
经　　销／全国各地新华书店
印　　刷／三河市华骏印务包装有限公司
开　　本／710 毫米×1000 毫米　1/16
印　　张／14.25
彩　　插／2　　　　　　　　　　　　　　责任编辑／李颖颖
字　　数／222 千字　　　　　　　　　　　文案编辑／李颖颖
版　　次／2023 年 2 月第 1 版　2023 年 2 月第 1 次印刷　责任校对／周瑞红
定　　价／72.00 元　　　　　　　　　　　责任印制／李志强

前　言

从中国古代的嫦娥奔月传说到希腊神话中自由翱翔的伊卡洛斯，人类文明自发端以来，就从未停下对浩瀚星空和广袤宇宙想象与探索的脚步。随着科学技术的不断进步，人类的活动空间已逐步从陆地和海洋，向大气层乃至外层空间延伸。19 世纪的太空竞赛，促使航天技术不断取得关键突破，探测器从地球外层空间逐渐飞向深空。时至今日，深空探测已逐渐成为人类认知宇宙和生命起源与演化的绝佳手段。

深空探测是我国国家航天整体发展战略的重要部分，我国一直坚持和平探索太空和利用外层空间，并以造福全人类为目标。1970 年，我国发射了第一颗人造地球卫星"东方红一号"，开始进入世界航天的角力场。2007 年"嫦娥一号"的成功发射是我国深空探测任务真正意义上的起点。迄今为止，我国已经圆满完成"嫦娥二号"及其图塔蒂斯小行星飞越探测任务、"嫦娥三号"着陆任务、"嫦娥五号"T1 再入返回任务、"嫦娥四号"着陆巡视任务和"嫦娥五号"采样返回任务。2021 年 2 月 10 日"天问一号"成功进入环绕火星轨道，将同时完成"绕""落""巡"三项任务，配合轨道器和着陆器对火星展开全面探测。深空探测中，探测器的精密定轨定位是任务成败的关键和各种科学任务顺利进行的前提。探测器精密轨道是地形测绘、行星重力场解算和反演行星内部构造的基础数据。

本书第一章介绍了国内外深空探测历史，尤其是我国深空探测历程。第二章针对深空探测器轨道确定特性，详细介绍了时空参考系和维持技术。第三章和第四章，主要从工程和科学应用两个方面出发，介绍了所用的基础理论和动力学框架。第五章，着重梳理了适用的积分器、基本公式及其基本思想。第六章，首先介绍了测控系统，然后结合实际任务中用到的测量技术和处理经验，介绍了对应的测量技术与观测量归算方法，这是射电数据处理的基本遵循。第七章，针对传播路径上诸多影响因素使测量量不再是理想的几何距离及其变化关系，详细介绍了处理信号传播过程中的误差，还有诸多涉及硬件方面的误差。第八章和第九章，介绍了精密定轨一般理论、存在的相关问题以及误差分析技术。

本书的撰写和呈现的任务经验均在北京航天飞行控制中心的全力支持下完成，在此对单位和相关工程技术人员表示感谢。希望本书能对相关从业人员和学习人员起到一定的参考作用。

因受时间、精力和水平所限，本书撰写可能会存在疏漏、错误和欠妥之处，肯盼指正。

编著者

2023 年 1 月

目　录

第1章
绪　论

在我国的航天发展规划中，深空探测是空间探测活动的重要内容。21 世纪初，我国提出了自主的探月计划，计划以不载人的月球探测为目标，分为"绕""落""回" 3 个阶段。"嫦娥一号"对月球背面进行探测并获取影像图，2009 年 3 月 1 日以受控撞月方式完成其科学使命；"嫦娥二号"在进行一系列技术改造后以二期先导星的角色开展部分关键技术的试验验证，深化月球科学研究；"嫦娥三号"首次实现了中国地外天体软着陆和巡视探测；"嫦娥四号"通过"鹊桥"卫星中继通信，首次实现航天器在月球背面软着陆和巡视勘察；"嫦娥五号"实现我国首次地外天体采样返回，将 1 731 g 月球样品成功带回地球，标志着我国探月工程的圆满收官。

执行首次自主火星探测任务的"天问一号"成功发射，实现火星环绕、着陆。"祝融号"火星车开展巡视探测，标志着中国航天实现从地月系到行星际探测的跨越。

未来，我国将继续实施月球探测工程，"嫦娥六号"计划完成月球极区采样返回；"嫦娥七号"计划完成月球极区高精度着陆和阴影坑飞跃探测，并完成"嫦娥八号"任务关键技术的攻关；继续实施行星探测工程，发射小行星探测器、完成近地小行星 2016HO3 采样返回和主带彗星 311P 飞越探测，完成火星采样返回、木星系探测等关键技术的攻关；论证太阳系边际探测等实施方案。

深空探测活动中对航天器开展测定轨是一项基础性研究工作，测定轨的能力直接决定深空探测任务的成败。一方面，测定轨是保证航天器正常飞行、轨控策略制定、测站跟踪计划安排的基础；另一方面，轨道确定是空间科学应用的一项关键性内容，是安排科学探测活动、开展科学探测数据分析的重要前提。而随着观测手段的增加和测量能力的提升，各类科学应用也对轨道确定提出了更为严格的要求。

■ 1.1 深空探测发展史

1.1.1 月球探测

在过去六十多年中，国外航天机构对月球探测的尝试超过百次。1959 年，苏联的 Luna 2 号航天器撞击月球表面，标志着人类第一次光顾月球。同年，Luna 3 号完成了第一次月球飞掠。美国紧随其后进行了月球探索，1962—1965 年，美国发射了 Ranger 月球探测器，为之后 Surveyor 系列（1966—1968 年）月球探测器及着陆器铺平了登月道路。1966—1967 年，苏联 Luna 9 号和 Luna 10 号任务和美国月球轨道飞行器（Lunar Orbiter，LO）任务几乎同时启动。1968—1976 年，美国国家航空航天局（National Aeronautics and Space Administration，NASA）负责实施的阿波罗系列（Apollo）与苏联的 Luna 系列任务几乎重叠实施，获得了丰富的月球探测科学成果。在苏联 Luna 24 任务执行之后，月球探测迎来了近 20 年的空窗期。

直到 20 世纪 90 年代，月球探测再次活跃起来，日本航天探索局（Japan Aerospace Exploration Agency，JAXA）实施 Hiten 任务，NASA 联合星站计划（Ballistic Missile Defense Organization）实施 Clementine 任务及 Lunar Prospector（LP）任务。进入 21 世纪，在 NASA、欧洲航天局（European Space Agency，ESA）、JAXA、中国国家航天局（China National Space Administration，CASA）及印度空间研究组织（Indian Space Research Organization，ISRO）的推动下，月球探索的步伐逐渐加快，向月球发送了十几枚探测器用于科学探索。国外任务包括来自 ESA 的 SMART - 1、JAXA 的 SELENE Kaguya、ISRO 的 Chandrayaan - 1、NASA 的 Lunar Reconnaissance Orbiter（LRO）和 Gravity Recovery and Interior Laboratory（GRAIL），带来了月球的许多新发现和科学成果。

1.1.2　行星探测

1. 火星

火星探测历史悠久。1960 年，苏联发射了"火星 1960A 号"（Mars 1960A）和"火星 1960B"号（Mars 1960B）拉开火星探测的序幕，但由于当时技术水平的限制，它们均失败了。之后十五年，由于美苏争霸，火星探测任务密集实施，世界范围内共实施约二十次探测任务，其中大部分为飞掠探测，少数几个成功实施了环绕和着陆巡视探测。值得一提的是，1971 年，"水手九号"（Mariner 9）（图 1 – 1）成功实现了火星的环绕探测，对火星进行了全面的遥感探测，绘制了 85% 火星区域的影像。1975 年，"海盗 1 号"（Viking 1）和"海盗 2 号"（Viking 2）相继发射，实现了人类在火星表面的着陆，极大地推动了火星的形貌研究，如图 1 – 2 所示。

图 1 – 1　"水手九"号

（cited：https：//nssdc. gsfc. nasa. gov/image/spacecraft/mariner09. jpg）

1976—1995 年是相对沉寂的时期，近二十年间基本没有成功的火星探测任务。仅 1988 年苏联实施两次对火星的"福波斯"（Phobos）探测任务和 1992 年美国实施的"火星观测"（Mars Observer）探测任务，但最终均没有实现任务目标。1996 年到现在，火星探测进入一个新的发展时期，欧洲、日本、印度、阿

图 1 - 2　"海盗" 1 号

联酋和中国纷纷加入火星探测阵营，发展驱动力以技术发展和科学发现为主，探测形式从环绕和着陆逐步拓展到巡视探测。在近 30 年中，涌现了诸多取得重要科学发现的具有代表性的火星探测器，如"火星全球探勘者"号（Mars Global Surveyor）、"火星探路者"号（Mars Pathfinder）、"2001 火星奥德赛"号（2001 Mars Odyssey）、"火星快车"号（Mars Express）、"勇气"号（Spirit）、"机遇"号（Opportunity）、"火星勘测轨道器"（Mars Reconnaisance Orbiter）、"凤凰"号（Phoenix）、"洞察"号（InSight）等。值得一提的是，1996 年，火星探路者携带的"索杰纳"号（Sojourner）火星车对火星首次实现了有限区域巡航，直到 2003 年发射的机遇号、勇气号在真正意义上实现了火星表面的巡视探测。2020 年，美国和阿联酋分别发射了"火星 2020"号（Mars 2020）和"希望"号（Hope）（图 1 - 3）。"火星 2020"号的任务主要包括着陆车"毅力"号，如图 1 - 4 所示，其目的是探明火星表面可居住性、过去是否存在生命，并且为未来任务采集岩石样本数据；它还携带一种小型旋翼飞行器"智慧火星直升机"，旨在探测火星大气。"希望"号实施环绕探测，研究火星大气动力学及其与外太空和太阳风的相互作用。

2. 金星

金星是太阳系中距离地球最近的行星，苏联对金星探测次数较多，但成功率

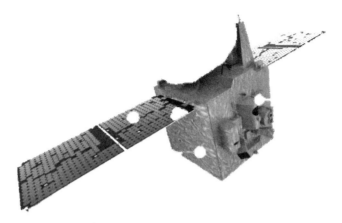

图 1 – 3　"希望"号（**https：//emiratesmarsmission. ae/**）

图 1 – 4　"毅力"号

（**https：//nssdc. gsfc. nasa. gov/nmc/spacecraft/display. action？ id ＝2020 –052A**）

远低于火星探测。1961 年，苏联发射了"人造卫星七"号（Sputnik 7）和"韦涅拉一"号（Venera 1）（图 1 – 5 左）金星探测器，均以失败告终。1962 年，美国首次金星飞掠任务"水手一"号（Mariner 1）发射失败，"水手二"号（Mariner 2）作为备份任务发射成功。而后五年，苏联的近十个金星任务也均以发射失败或失联告终。直到 1967 年，苏联发射了"韦涅拉四"号（Venera 4）（图 1 – 5 右）最终成功抵达金星，对金星大气和磁场进行了测量。同年，"水手四"号（Mariner 4）也飞掠过金星。1969—1970 年，"韦涅拉五"号（Venera 5）和"韦涅拉六"号（Venera 6）成功发射，主要任务为测量金星大气；"韦涅拉七"号（Venera 7）执行首个着陆器任务。之后十年，苏联又成功实施了"韦涅拉八"号（Venera 8）至"韦涅拉十六"号（Venera 16）金星探测任务。

1973 年，美国发射的"水手十"号（Mariner 10）之后成功飞掠了金星，"金星先锋一"号（Pioneer Venus 1）和"金星先锋二"号（Pioneer Venus 2）（图 1 - 6）成功环绕探测金星。到了 20 世纪 80 年代，苏联实施了"织女星一"号（Vega 1）和"织女星二"号（Vega 2）金星—小行星联合探测任务；美国实施了"麦哲伦"号（Magellan）金星环绕任务。从 20 世纪 90 年代至今，

图 1 - 5 "韦涅拉一"号和"韦涅拉四"号

（https：//nssdc. gsfc. nasa. gov/nmc/spacecraft/display. action？id = 1961 - 003A）

图 1 - 6 "金星先锋二"号飞向金星艺术图（Credit：NASA/Paul Hudson）

只有 ESA 的"金星快车"号（Venus Express）成功实施了环绕探测，其他如
"伽利略"号（Galileo）、"卡西尼"号（Cassini）、"信使"号（MESSENGER）、
"帕克"号（Parker Solar Probe）、"贝皮哥伦布"（BepiColombo）和"太阳轨道
器"（Solar Orbiter）均有飞掠金星的经历，借助其引力改变飞行轨道。

3. 气态行星

类木行星木星和土星都属于气态巨行星，大气浓密，主要由氢和氦组成。美
国 1972 年发射的"先驱者十"号（Pioneer 10）对木星进行了飞掠探测；之后，
"先驱者十一"号（Pioneer 11）、"旅行者一"号（Voyager 1）与"旅行者二"
号（Voyager 2）对木星和土星均进行了飞掠探测；1989 年发射的"伽利略"号
（Galileo）和 2011 年发射的"朱诺"号（Juno）（图 1 - 7）是专门针对木星进行
的环绕探测任务。值得一提的是，由 ESA 主导的"尤利西斯"号（Ulysses）也
曾对木星进行飞掠探测。美国 1997 年发射的"卡西尼"号（Cassini）（图 1 - 8）
是目前人类唯一针对土星进行探测的任务。

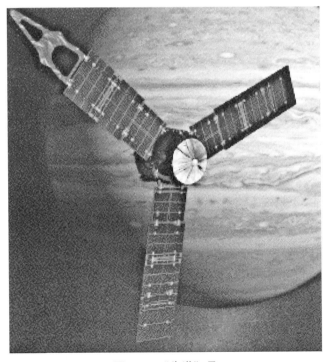

图 1 - 7 "朱诺"号

（https：//nssdc. gsfc. nasa. gov/nmc/spacecraft/display. action？ id = 2011 - 040A）

图 1 - 8　"卡西尼"号

（**https：//nssdc. gsfc. nasa. gov/nmc/spacecraft/display. action？id = 1997 - 061A**）

4. 太阳和小行星探测

1990 年，ESA 主导的"尤利西斯"号（Ulysses）是第一个到太阳高纬度探测的仪器，测量了中高纬度太阳风速、太阳风等离子体等。2001 年，美国发射了"创世纪"太阳风任务（Genesis Solar - Wind Mission），主要用于研究太阳风和太阳丰度。2018 年，美国发射"帕克太阳探测器"（Parker Solar Probe）。2020 年，ESA 主导发射环绕太阳探测任务"太阳轨道器"（Solar Orbiter）。

真正意义上的小行星探测可以追溯到 1996 年美国发射的"近地小行星会合"（Near Earth Asteroid Rendezvous，NEAR）任务，它主要对小行星 Eros 进行了探测；1998 年又发射了"深空 1"号（Deep Space 1），探测小行星 9969 Braille。值得一提的是，日本在小行星探测方面走在世界前列，2003 年发射的"隼鸟 1"号（Hayabusa - 1）（图 1 - 9）成功在小行星 25143 Itokawa 采样，这是世界上第一个成功从小行星采样返回的任务；2019 年"隼鸟 2"号（Hayabusa - 2）（图 1 - 10）成功采样小行星"龙宫"（Ryugu）。美国 2007 年发射了"黎明"号（Dawn）环绕探测小行星 Ceres 和 Vesta；2016 年发射了 OSIRIS - REx（Origins, Spectral Interpretation, Resource Identification, Security, Regolith Explorer）对 Bennu 进行采样，预期 2023 返回地球；2021 年还发射了 Lucy 对特洛伊小行星进行飞掠探测和"双小行星重定向测试"任务 DART（Double Asteroid Redirection Test），DART 是 NASA 首个主要致力于行星防御的任务，也是人类第一项小行星防御任务。

图 1 – 9 "隼鸟 1"号

（https：//nssdc. gsfc. nasa. gov/nmc/spacecraft/display. action？id = 2003 – 019A）

图 1 – 10 "隼鸟 2"号

（https：//nssdc. gsfc. nasa. gov/nmc/spacecraft/display. action？id = 2014 – 076A）

1.2 我国深空探测历史

1. 2. 1 月球探测

我国月球探测分为"绕""落""回"三步走，成功实施了嫦娥一号、嫦娥二号、嫦娥三号、嫦娥 5T1、嫦娥四号和嫦娥五号任务，每个任务的设计轨道均不同，计划解决不同的科学问题，迄今中国月球探测已经全部完成预定目标。下面根据嫦娥任务的典型轨道设计和典型科学成果进行综述，嫦娥系列任务典型轨道阶段如图 1 – 11 所示，不同颜色对应不同任务。

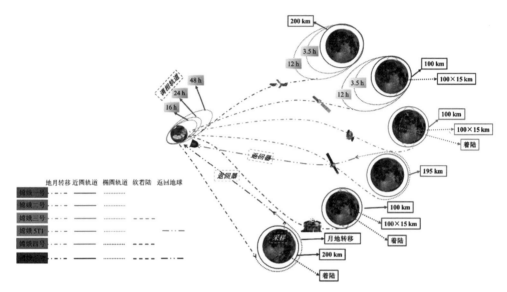

图 1 – 11　嫦娥系列任务典型轨道阶段（附彩插）

嫦娥一号于 2007 年 10 月 24 日发射。嫦娥一号是我国深空探测的第一步，首次检验了我国深空探测跟踪、通信、测定轨和变轨等十余项技术，为随后任务的实施打下坚实的基础。如图 1 – 11 所示（深红色），嫦娥一号经过 11 天 4 次变轨的漫长复杂的旅程，才进入了月球轨道。2007 年 11 月 5 日，嫦娥一号进入 12 小时周期的椭圆极轨道，其远月点为 8 600 km，近月点为 210 km；经过三天 3 次人工制动，最终进入 200 km 轨道高度、127 分钟轨道周期的近圆极轨道。嫦娥一号于 2009 年 3 月 1 日，受控撞击月球丰富海区域，超额完成使命，累计飞行 494 天。嫦娥一号还产出了许多重要的科学成果，包括 120 m 分辨率全月影像图、月球数字高程模型（Digital Elevation Model，DEM）、物质成分与分布图、太阳高能粒子时空变化图及全月球亮温图等。

嫦娥二号于 2010 年 10 月 1 日发射，原作为嫦娥一号的备份星，仍然以通信、轨道跟踪与调控技术验证为主题，首次在测控中加入 S 频段。嫦娥二号直接注入月地转移轨道而不需要在环地轨道调相，月地转移轨道约为 112 小时之后即被月球捕获，大幅节约了飞往的时间，如图 1 - 11 所示（浅绿色）。10 月 9 日，经历了 3 次人工制动之后，嫦娥二号进入了 100 km 的绕月轨道。为嫦娥二期着陆任务软着陆做技术储备和获取高分辨的候选着陆器影像，探测器进一步下降到近月点为 15 km、远月点为 100 km 的椭圆轨道。10 月 29 日，它再次转移到 100 km 高的圆形轨道上，进行科学数据收集。嫦娥二号以 100 km 的轨道高度采集了 7 m 分辨率的影像数据，生成了高分辨率的全球月球 DEM、虹湾地区局部影像（1.3 m 分辨率）及月球表面钍和钾元素分布图等。2011 年 4 月 1 号，圆满完成既定任务目标，进入扩展任务阶段。2011 年 8 月 25 日，进行日 - 地拉格朗日 L2 点探测。2012 年 4 月 15 日，离开 L2 点进入行星际空间，突破了距地 1 000 万千米远的深空轨道和测控通信技术。2012 年 12 月 13 日，嫦娥二号成功飞越了近地小行星 4179 Toutatis，与小行星表面的最近距离为 770 ± 120 米。

嫦娥三号于 2013 年 12 月 2 日发射，携带一个着陆器和一个巡视器"玉兔"号。2013 年 12 月 6 日，实施近月制动，进入近圆形 100 km 轨道上；10 日，嫦娥三号进入 100 km × 15 km 椭圆轨道；14 日，软着陆于虹湾地区（19.51° W，44.12° N），如图 1 - 11 所示（蓝色）。嫦娥三号克服了软着陆、月面巡视和遥操作等技术难题。根据其搭载的 8 台科学载荷，获得了首幅月球剖面图（330 m 深）、月球外逸层水含量、对等离子体层进行极紫外观测等科学成果。

嫦娥 5T1 于 2014 年 10 月 24 日发射，主要测试载入返回技术，为返回样品做准备。它包括一个服务器和一个返回舱，器舱分离后，2015 年 1 月 11 日服务器实施近月制动，进行扩展任务，包括三个轨道阶段：高偏心率停泊轨道，月地转移轨道及地球 - 月球拉格朗日点（L2）Halo 轨道。拓展任务之后，探测器围绕月球在 28°到 68°的倾斜角范围内继续绕月飞行，轨道高度为 195 km。嫦娥 5T1 主要以工程实验为主，验证半弹道式返回再入技术和自主制导导航与控制等关键技术。

嫦娥四号于 2018 年 12 月 8 日发射，是背面着陆器任务，这也是历史上首次对月球背面进行就位探测。它的探测目标是月球南极 - 艾特肯盆地（South Pole - Aitken，SPA），其工程意义和科学意义并重。该任务包含一颗中继卫星"鹊桥"、一个着陆器和一个巡视器"玉兔二"号。在月球背面进行软着陆，技术上又是一个新挑战，尤其是射电跟踪测量与通信控制，为此，2018 年 5 月，中继星被部署到地月 L2 点。嫦娥四号背面着陆取得了许多科学成果，对 SPA 巡视区形貌、矿物组分、月表浅层结构认识进行了更新。

嫦娥五号于 2020 年 11 月 24 日发射，是一次采样返回任务，11 月 28 日进入月球大椭圆轨道，29 日调整为近圆轨道，30 日轨道舱和着陆器分离，12 月 1 日即成功着陆到风暴洋北部吕姆克山，2 日着陆器由月球发射，6 日着陆器与轨道舱对接，12 日进入月地转移轨道，17 日着陆到内蒙古地区，整个任务十分紧凑，相关样本带来丰富的科学成果。

经过六次探月任务，我国的地面跟踪网、测量船、探测器通信载荷和控制测量技术均得到良好的检验。嫦娥一号在调相轨道就花费十余天，到嫦娥四号整个任务才花费二十余天，标志着我国月球探测的测控技术日趋成熟和稳定。

1.2.2　火星探测

21 世纪初，我国通过与俄罗斯合作曾预期实施首个火星探测任务萤火一号（YH-1），原计划于 2011 年和俄罗斯的"福布斯-土壤"（Phobos-Grunt）火卫一探测器同时搭载俄罗斯天顶号运载火箭从哈萨克斯坦拜科努尔航天中心发射升空。YH-1 主要研究火星的电离层及周围空间环境、火星磁场等。由于发射失败，YH-1 并未到达火星，但 YH-1 一定程度上推动了我国自主火星探测任务的实施。

2020 年 7 月 23 日，我国首个自主发射的火星探测任务"天问一号"于海南文昌发射场升空，预期一次任务完成"绕""着""巡"三大目标，发射七个月之后到达火星附近，2021 年 2 月进入环火轨道。探测器包括环绕器和着陆巡视器，总质量约 5 000 kg，配置 13 类科学载荷。在 2021 年 4 月 24 日中国航天日，着陆巡视器正式被命名为"祝融"号。"天问一号"任务涉及的轨道阶段主要包括地火转移轨道、捕获轨道、停泊轨道、遥感使命轨道及中继通信轨道，如图 1-12 所示。

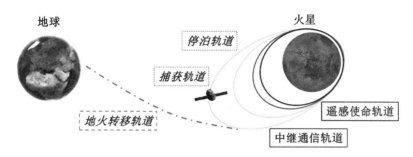

图 1 – 12 天问一号任务涉及各轨道阶段

■ 1.3 深空探测器轨道计算

深空探测器轨道计算是确定太阳系中人造天体运动轨迹的过程，太阳系中各天体的运行轨迹不会受探测器影响而改变。在定轨理论方面，深空探测器与地球航天器的轨道计算并无本质区别，其差异主要体现在以下几个方面。

（1）更为复杂的空间环境，地基测量会穿越地球大气，目标天体的大气层（如果存在），太阳系等离子区等。

（2）相对论参考框架下的时空参考系，时空基准由地心天球参考系转换为质心天球参考系，涉及地球参考系、地心天球参考系与质心天球参考系的一系列转换。

（3）定轨几何差，尤其是巡航飞行阶段的轨道计算。

对于深空探测器，在环绕飞行阶段，航天器的运动仍可处理为受摄运动二体问题，环绕天体产生主要作用力，其余各摄动源产生的作用力作为摄动力考虑。该阶段的运动建模本质上与地球卫星的运动建模并无本质区别。在行星际巡航飞行阶段，太阳作为主要的作用力源，虽然仍可将航天器轨道运动考虑为受摄运动二体问题，但是其余天体及摄动源所产生的作用力相对于太阳作用力的摄动量级会较环绕阶段大许多。

参考文献

［1］欧阳自远. 我国月球探测的总体科学目标与发展战略［J］. 地球科学进展，

2004, 19 (3): 351 – 358.

[2] 曹建峰, 胡松杰, 黄勇, 等. 嫦娥二号卫星日地拉格朗日 L2 点探测轨道定轨分析 [J]. 武汉大学学报信息科学版, 2013, 38 (9): 1029 – 1033.

[3] WILLIAM L S, DONALD W T, CHARLES J V, et al. Physical constants as determined from Radio tracking of the Ranger lunar probes [R]. California: JPL, 1966.

[4] AKIM E L. Determination of the gravitational field of the moon from the motion of the artificial lunar satellite "Luna – 10" [J]. Soviet Physics Doklady, 1967, 11: 855.

[5] LORELL J, WILLIAM L S. Lunar gravity: preliminary estimates from lunar orbiter [J]. Science, 1968, 159: 625 – 627.

[6] UESUGI K, MATSUO H, KAWAGUCHI J, et al. Japanese first double lunar swing – by mission "Hiten" [J]. Acta Astronautica, 1991, 25 (7): 347 – 355.

[7] NOZETTE S, RUSTAN P, PLEASANCE L P, et al. The Clementine mission to the Moon: Scientific overview [J]. Science, 1994, 266 (5192): 1835 – 1839.

[8] BINDER A B. Lunar prospector: overview [J]. Science, 1998, 281 (5382): 1475 – 1476.

[9] FOING B H, RACCA G D, MARINI A, et al. SMART – 1 mission to the Moon: Status, first results and goals [J]. Advances in Space Research, 2006, 37 (1): 6 – 13.

[10] NAMIKI N, TAKAHIRO I, KOJI M, et al. Farside gravity field of the moon from Four – Way doppler measurements of selene (kaguya) [J]. Science, 2009, 323 (5916): 900 – 905.

[11] DAVID E R, PAUL R S. Venera 4 probes atmosphere of Venus [J]. Science, 1968, 159 (3820): 1228 – 1230.

[12] 陈明, 唐歌实, 曹建峰, 等. 嫦娥一号绕月探测卫星精密定轨实现 [J]. 武汉大学学报 (信息科学版), 2011, 36 (2): 212 – 217.

[13] OUYANG Z, LI C, ZOU Y, et al. Primary scientific results of Chang'E – 1 lu-

nar mission ［J］. Science China Earth Sciences, 2010, 53 (11): 1869 – 1897.

［14］ ZHENG Y C, TSANG K T, CHAN K L, et al. First microwave map of the Moon with Chang'E – 1 data: The role of local time in global imaging ［J］. Icarus, 2012, 219 (1): 194 – 210.

［15］ ZHOU J, LIU Y, PENG D, et al. Chang'E – 2 satellite asymmetric – descent orbit control technology ［J］. Science China Technological Sciences, 2011, 54 (9): 2247 – 2253.

［16］ YE P, HUANG J, SUN Z, et al. The process and experience in the development of Chinese lunar probe ［J］. SCIENTIA SINICA Technological, 2014, 44 (6): 543 – 558.

［17］ SUN Z, ZHANG T, HE Z, et al. The technical design and achievements of Chang'E – 3 probe ［J］. SCIENTIA SINICA Technological, 2014, 44 (4): 331 – 343.

［18］ 叶培建, 于登云, 孙泽洲, 等. 中国月球探测器的成就与展望 ［J］. 深空探测学报, 2016, 3 (4): 323 – 333.

［19］ WANG M, SHAN T, MA L, et al. Performance of GPS and GPS/SINS navigation in the CE – 5T1 skip re – entry mission ［J］. GPS Solutions, 2018, 22 (2): 56 – 67.

［20］ WU W, YU D, WANG C, et al. Technological breakthroughs and scientific progress of the Chang'e – 4 mission ［J］. Science China Information Sciences, 2020, 63 (10): 5 – 18.

［21］ WU W, LI C, ZUO W, et al. Lunar farside to be explored by Chang'e – 4 ［J］. Nature Geoscience, 2019, 12 (4): 222 – 223.

［22］ LI C, LIU D, LIU B, et al. Chang'E – 4 initial spectroscopic identification of lunar far – side mantle – derived materials ［J］. Nature, 2019, 569 (7756): 378 – 382.

［23］ LIU J, REN X, YAN W, et al. Descent trajectory Reconstruction and landing site positioning of Chang'E – 4 on the lunar farside ［J］. Nature Communications,

2019, 10（1）：1 – 10.

［24］ ZHANG H, JI L, WANG Z, et al. Guidance navigation and control for Chang'E –
5 powered descent ［J］. Space：Science & Technology，2021：1 – 15.

［25］ WANG Z, MENG Z, GAO S, et al. Orbit design elements of Chang'E 5 mission
［J］. Space：Science and Technology，2021，2021：1 – 22.

［26］ WANG Z, MENG Z, GAO S, et al. Orbit design elements of Chang'E 5 mission
［J］. Space：Science and Technology，2021（1）：28 – 49.

［27］ 欧阳自远，李春来，邹永廖，等．绕月探测工程的初步科学成果［J］. 中
国科学：D 辑，2010（3）：261 – 280.

［28］ HARVEY B. Soviet and Russian lunar exploration ［M］. Berlin：Springer Science
& Business Media，2006.

［29］ WILHLMS D E. To a rocky moon：a geologist's history of lunar exploration ［M］.
Tucson：University of Arizona Press，1993.

［30］ CRAWFORD I. The scientific legacy of Apollo ［J］. Astronomy & Geophysics，
2012，53（6）：6. 24 – 6. 28.

第 2 章

时空参考系

万事万物都在一定的时空中运行变化，没有时空框架就无法描述事物的变化，对于探测器的运动更是如此，而且还需要一个十分精密的时空基准。牛顿的绝对时空观认为时间是描述物质运动的参数，与空间无关。不同参考系给出的同一时空点的坐标数值可以不同，而两个时空点之间的时间间隔与空间间隔却是不变的。爱因斯坦（Einstein）建立的相对论时空观则认为，时空不能截然分开，而是统一的整体。

探测器的运动状态需要相对某个参照物进行描述，选取的参照物就是参考系。描述不同物体的运动宜选取不同的参考系，适当的参考系选取可以使问题的描述简单、清晰；反之，则会使问题复杂化。例如，地球探测器的运动宜在地心天球参考系中描述，而地球测站坐标的描述则更适合选取地球参考系进行描述。建立精密时空参考是一个看起来简单实则十分复杂的课题，也是科学家们过去、现在、未来都需要持之以恒研究的课题，其相关的定义、原理和维护均有专门的研究小组，其研究历史、基本概念、最新进展可以浏览网站（http://www.iausofa.org）阅读。

本章从实际射电数据处理的角度介绍与实测数据处理密切相关的时间和坐标系统。

2.1 时间系统

时间（Time）是物理学中的七个基本物理量之一，符号为 t，是人们用于描述物质运动过程或事件发生过程的一个重要参数。在国际单位制（SI）中，时间的基本单位是秒，符号为 s。第 26 届国际度量衡大会上定义未受干扰的铯 – 133 的原子基态的两个超精细能阶间跃迁对应辐射的 9 192 631 770 个周期的持续时间为 1 个国际制秒。国际度量衡局（BIPM）对于 SI 秒长并没有给出实现的地点或当地的引力场，仅仅是一种原时的实现方案。SI 秒可以在任何地方实现，比如地球表面、人造地球卫星上、火星上及太阳系质心处等。对于所有的观测者而言，实现 SI 秒的方法都是一样的。

时间包含时刻和时段两个概念，时刻指的是某一瞬时，是时间轴上的一点；时段是两个时刻之间的间隔，表示为时间轴上的一段。坐标系统是描述物质存在的空间位置的参照系，通过定义特定基准及其参数形式来实现。传统上时间和基本参考系统的定义是基于地球旋转和平移运动规律，现在已发展到根据原子和遥远射电源来建立时间和基本参考系统框架。随着观测技术和理论的发展，时间定义和坐标系统的发展也经历了较为复杂的过程。

2.1.1 基于地球自转的时间

1. 恒星时

早期受观测精度和计时工具的限制，人们认为地球自转（稳定度 1×10^{-8}）和行星公转（稳定度 1×10^{-10}）基本是均匀的，是时间基准的良好选择。恒星时（Sidereal Time，ST）就是以春分点为参考点，在数值上等于春分点相对于本地子午圈的时角，属于地方时。春分点连续两次经过地方上子午圈的时间间隔为一恒星日，以恒星日为基础均匀分割后获得"时""分"和"秒"。后来人们发现，地球自转也存在不均匀性，导致恒星日间隔存在细微的差距，又衍生出真恒星时和平恒星时，真恒星时考虑了地球自转不均匀性的影响。

若以太阳为参考点，则称为太阳时（Solar Time，ST），同样真太阳时也是不均匀的，为了弥补真太阳时不均匀的缺陷，通过假定赤道平面存在一个匀角速度运动的太阳而衍生出平太阳时，也属于一种地方时。为了解决日常生活中世界各国人民的生产生活问题，需要建立一个统一的世界时（Universal Time，UT），方便地进行换算。1884 年，在华盛顿召开的国际子午线会议定义格林尼治零子午线处的民用时为世界时零时区。全球可分为 24 个标准时区，同一时区采用该时区中央子午线的地方民用时，称为区时。我国统一采用东八区的区时，称为北京时。顾及地球极移和自转不均匀性，从 1956 年起在世界时 UT 中加入极移改正量 $\Delta\lambda$ 和地球自转速度的季节性改正量 ΔTs，分别得到 UT1 和 UT2，而未经改正的世界时则用 UT0 来表示。

2. 太阳时

以太阳视圆面中心作为参考点，由它的周日视运动所确定的时间称为真太阳时。真太阳的视运动是地球自转及公转运动的共同反映，由于地球自转和公转的不均匀性，真太阳时不是均匀时间系统。为此，S. Newcomb 引入了一个黄道上的假想点——黄道平太阳，其运动速度与太阳视运动平均速度相等，并和太阳同时经过近远地点；然后引入一个赤道上的假想点——赤道平太阳，其运行速度与黄道平太阳相同，并同时经过春分点。以赤道平太阳作为参考点，由它的时角给出平太阳 m_s 时，如下式所示：

$$m_s = t_s + 12^h = S - \alpha_s + 12^h \tag{2.1}$$

其中，t_s 为赤道平太阳时角，S 为赤道平太阳所在子午圈的地方恒星时，α_s 为赤道平太阳赤经。我们日常生活中的北京时就是以平太阳时为基础的区时。

3. 世界时 UT

Greenwich 平太阳时称为世界时（Universal Time），在天文学领域里有着广泛的应用。由于平太阳无法观测，所以世界时是通过对恒星的观测来实现的。通过观测恒星得到的世界时为 UT0，考虑极移影响修正得到的世界时即为我们通常使用的世界时 UT1。可见，世界时与恒星时不是相互独立的时间尺度，Aoki 给出了 Greenwich 平太阳时的表达式：

$$S_G = 18^h.697\ 3\ 746 + 879\ 000^h.051\ 336\ 7t + 0^s.093\ 104t^2 - 6^s.2 \times 10^{-6}t^3 \tag{2.2}$$

其中，时间引数 t 定义如下，后文中用到的引数采用相同的定义。

$$t = \frac{\text{MJD(UT)} - 51\ 544.5}{36\ 525} \tag{2.3}$$

2000 年 8 月，在曼彻斯特国际天文年会上，IAU 重新给出了 UT1 的定义：UT1 是地球自转角 θ（Earth Rotation Angle）的线性函数。地球自转角定义为瞬时真赤道平面上，天球中间原点（Celestial Intermediate Origin）和地球中间原点

（Terrestrial Intermediate Origin）的地心夹角。

地球自转角的计算公式为

$$\text{ERA}(T_u) = 2\pi(0.779\,057\,273\,264\,0 + 1.002\,737\,811\,911\,354\,48T_u) \quad (2.4)$$

其中，　　　　　　　　　$T_u = \text{JD}(\text{UT1}) - 2\,400\,000.5$

2.1.2　基于原子时秒长的时间

1. 原子时

原子时秒的定义建立在物质内部原子运动基础上，不同于依赖宏观世界中天体所产生的规律周期运动，恒星时的不均匀性导致其始终难以满足发展和科学研究的需求，而原子时的稳定性高达 1×10^{-14}。1971 年，国际时间局建立国际原子时（Temps Atomique International，TAI），目前由国际计量局统筹全球所有时间实验室中的原子钟数据维系。顾及世界时使用习惯和原子时秒长的稳定性，国际无线电科学协会于 20 世纪 60 年代建立了协调世界时（Coordinated Universal Time，UTC），与世界时 UT 间的时刻差规定需要保持在 0.9 s 以内，否则将采取跳秒的方式进行调整。值得一提的是，GPS 时也是一种原子时，是由 GPS 的地面站和卫星中的原子钟建立和维持的，它的时间起点为 1980 年 1 月 6 日 00：00：00，和 TAI 相差 19 s，和 UTC 相差更大。

2. 动力学时

动力学时是为描述天文学中各天体物体运动而建立的，是早期历书时的延伸。20 世纪 60 年代，人们发现世界时 UT 由于地球自转的不均匀性存在时间描述的弊端，逐渐建立起历书时。历书时时间连续且均匀，过去常用于天体历表编写，确定各天体运动状态。随着时间精度要求的提高及广义相对论的应用，历书时逐渐被质心力学时（Barycentric Dynamic Time，TDB）和地球力学时（Terrestrial Dynamic Time，TDT 或 TT）替代。20 世纪 90 年代，依照广义相对论的概念，IAU 工作小组提出质心坐标时（Barycentric Coordinate Time，TCB）和地心坐标时（Geocentric Coordinate Time，TCG）的概念来替代 TDB 和 TDT，但是仍保留了 TDB 和 TDT，并将 TDT 改为 TT，目前最新的 JPL 星历表仍以 TDB 为时间引数。图 2 – 1 总结了不同时间系统的发展历程。

地球时（Terrestrial Time，TT）：坐标时，其平均速率接近位于旋转大地水准

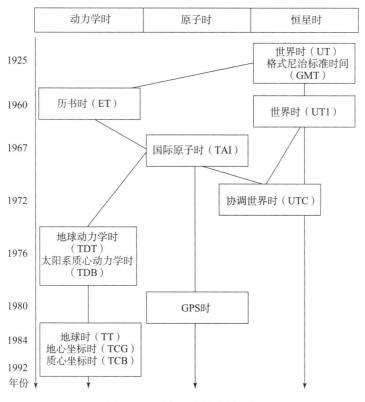

图 2-1　时间系统的发展历程

面上观测者原时的平均速率。在 1977 年 1 月 1.0 TAI 时，TT 的值严格等于 1977 年 1 月 1.000 372 5。它与地心坐标时（TCG）的联系为 IAU 2000 决议 B1.9 给定的一个线性变换。TT 可以用作地心历表的时间自变量。TT 的准确实现为 $TT(TAI) = TAI + 32^s.184$。TT 的曾用名是地球力学时（TDT）。

质心力学时（Barycentric Dynamical Time，TDB）：一种时间尺度，原用于太阳系质心历表和运动方程的时间自变量。在 IAU 1976 决议里，规定 TDB 和 TDT 之差只有周期项，这是无法严格满足的条件。引进质心坐标时（TCB）的 IAU 1991 决议注意了 TDB 是 TCB 的线性函数，但没有固定比率和零点，导致了 TDB 的多重实现。在 2006 年，TDB 得以用 TCB 的如下线性变换来重新定义（IAU 2006 决议 B3）：

$$TDB = TCB - L_B \times (JD_{TCB} - T_0) \times 8\,6400\ s + TDB_0 \tag{2.5}$$

其中，参数 $L_B = 1 - \dfrac{\mathrm{d(TDB)}}{\mathrm{d(TCB)}} = 1.550\,519\,768 \times 10^{-8}$，$T_0 = 2\,443\,144.500\,372\,5$，

$\mathrm{TDB}_0 = -6.55 \times 10^{-5}\mathrm{s}$ 都是定义常数。

地心坐标时（Geocentric Coordinate Time，TCG）：基于 SI 秒的 GCRS 的坐标时。它和地球时（TT）的联系为一个约定的线性变换，由 IAU 2000 决议 B1.9 给出。

质心坐标时（Barycentric Coordinate Time，TCB）：BCRS 的坐标时，用含长期项的相对论变换与地心坐标时（TCG）和地球时（TT）相联系。

2.1.3 实用时间系统转换

地面跟踪站提供的观测数据使用的时间系统是协调世界时 UTC。在定轨计算时，在太阳系下计算摄动力时，计算测量理论模型值，读取行星历表采用的是太阳系质心力学时 TDB[①]，而地球时 TT 则是在地心参考框架下表示的动力学时，它也起着联系 TDB 和 UTC 的作用。国际原子时以原子跃迁时间作为时间度量单位，在 20 世纪 60 年代来说其具有高度的均匀性和统一性，因此 UTC 是在世界时（UT）的基础上应运而生的。UT 则因为地球自转不均匀性衍生出 UT1（经过极移改正）和 UT1R（扣除周期在 5.64 ~ 34.85 天的潮汐项（Δt））。在射电数据实际处理中，UT1 主要用于地固坐标系统和空固坐标的转换；TAI 则是起着"桥梁"的作用，用于各个时间系统之间的转换。它们之间的转换关系如图 2 - 2 所示，对应做以下两点阐述。

1. UT1 与 UTC 的相互转换

由于地球自转的不均匀性，以地球自转为基础的时间尺度长期变慢，滞后于 SI 时间。为了和 SI 保持同步，引入了 UTC 和跳秒。UTC 在时刻上接近 UT1，通过跳秒改正，它们的差异 $\Delta\mathrm{UT1}^*$ 一直保持在 ±0.9 s 以内，$\Delta\mathrm{UT1}^*$ 是 IRES 公报中 UT1 - UTC 的近似值。目前 UT1 还需要去除地球周日（0.898\,974\,3 ~ 1.211\,361\,1 天）和半周日（0.481\,075\,0 ~ 0.548\,426\,4 天）潮汐项误差，改正项具体公式可参看相关文献（Petit，2010）。由于该项改正的量级为十分之几微秒，在精度不高的应

---

① 法国 INPOP 历表的时间引数包括 TDB 与 TCB，JPL 行星历表采用的时间引数为 TDB。

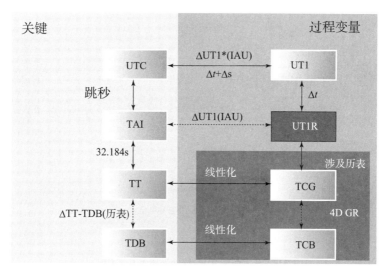

图 2 - 2 时间系统转换

用中可以忽略不计。

UT1 与 UTC 之间的转换有两条线路，可以写成：

$$UT1 = UTC + \Delta UT1^*$$
$$= TAI - \Delta AT + \Delta UT1 \qquad (2.6)$$

（1）第一个转换方式：$\Delta UT1^*$ 可以根据 IERS Bulletin A/B 获得，但是没有经过周日和半周日改正，因此得到 UT1 还需要进行进一步潮汐效应修正。

（2）第二个转换方式，先把 UTC 转换成 TAI 再转成 UT1，步骤如下。

①根据观测时刻的 UTC 获取跳秒数值。（International Earth Rotation and Reference Systems Service，IERS）发布的跳秒文件，可以把不连续的 UTC 时间转为连续的 TAI 时间。

②将 IERS 提供的 $\Delta UT1^*$ 转化为 TAI－UT1R，利用插值算法计算观测时刻 TAI－UT1R。这样做有两个好处：一是避免了 $\Delta UT1^*$ 插值时候出现跳变现象；二是 UT1R 去掉了短周期项，使两者之差的时间序列更为平滑，在数学上更易插值。

③计算周日项（Δ_1）和半周日潮汐项（Δ_2），最终得到 $\Delta UT1 = TAI － UT1R + \Delta_1 + \Delta_2$。

类似地，美国戈达德宇航中心的 GEODYN – II 软件使用 A1 – UT1R 进行插值，其中 A1 是美国海军天文台发播的原子时，同样达到了保证连续不跳变的性质。

2. UTC、TAI 与 TT 的转换关系

UTC 和 TAI 的转换关系在于跳秒，TAI 则是 TT 的具体实现，两者之间仅仅有一个固定的差别：

$$\text{TAI} = \text{UTC} + 跳秒$$

$$\text{TT} = \text{TAI} + 32.184 \text{ s} \tag{2.7}$$

3. TT、TDB、TCG 与 TCB 之间的相互转换

IAU 2000 决议的 B1.3 和 B1.4 在后牛顿力学框架下给出了完整的 BCRS 和 GCRS 的度规，同时决议 B1.9 重新定义了地球时 TT，TT 与 TCG 速率之比为

$$\frac{\mathrm{d}(\text{TT})}{\mathrm{d}(\text{TCG})} = 1 - L_G \tag{2.8}$$

其中，L_G 是一个定义常数。TCG 与 TT 之差为

$$\text{TCG} - \text{TT} = \left(\frac{L_G}{1 - L_G}\right) \times (\text{JD}_{\text{TT}} - T_0) \times 86\,400 \text{ s}$$

$$\approx L_G \times (\text{MJD}_{\text{TT}} - 43\,144.0) \times 86\,400 \text{ s} \tag{2.9}$$

其中，JD_{TT} 是 TT 儒略日；MJD_{TT} 为简化儒略日；$T_0 = 2\,443\,144.500\,372\,5$，是 1977 年 1 月 1 日 00：00：00，在这个时刻，TT、TCG 和 TCB 的读数都是 1977 年 1 月 1 日 00：00：32.184。

IAU 2006 决议的 B3 对 TDB 重新下了定义：

$$\text{TDB} = \text{TCB} - L_B \times (\text{JD}_{\text{TCB}} - T_0) \times 86\,400\text{s} + \text{TDB}_0 \tag{2.10}$$

其中，$L_B = 1 - \dfrac{\mathrm{d}(\text{TDB})}{\mathrm{d}(\text{TCB})} = 1.550\,519\,768 \times 10^{-8}$，$\text{TDB}_0 = -6.55 \times 10^{-5} \text{ s}$。

TCG 和 TCB 的最大区别在于考虑了 4 维的广义相对论变换。

$$\text{TCB} - \text{TCG} = c^{-2}\left\{\int_{t_0}^{t}\left(\frac{v_e^2}{2} + U_{ext}(x_e)\right)\mathrm{d}t + v_e \cdot (x - x_e)\right\} + O(c^{-4}) \tag{2.11}$$

其中，c 为真空下的光速；x_e 和 v_e 是地心在太阳系质心下的位置、速度；x 是观测者在太阳系质心系的位置；U_{ext} 是除了地球外所有太阳系大天体的牛顿势（在地心质心系下）。公式中的 t 是 TCB，t_0 同上 T_0，$O(c^{-4})$ 为高阶项，约为观测速度

的 10^{-16}，一般略去。

　　TT 和 TDB 的转换关系则比较烦琐，两者的差异小于 2 ms。把式 2.7 和式 2.9 代入式 2.10 中，可以得到 TT 与 TDB 的转换关系。在行星历表（INPOP，DE，EPM）中，往往假设观测者和地心重合，会提供 TT – TDB 时间序列，也是用切比雪夫多项式拟合并将多项式系数存储（Folkner et al.，2014），其中 DE 历表中 $*t$ 的版本才提供 TT – TDB 差值信息，如图 2 – 3 所示。根据精度需求，也可以参照 Moyer（1981），Fairhead（1990）和 Fukushima（1995），利用解析公式自行求解。实际上观测站不与地心重合，在使用的时候有必要进行站心改正，IAU 的 SOFA 库（http://www.iausofa.org/index.html）中给出了站心改正项的详细公式，也提供现成的实现函数 dtdb. for 用于改正。

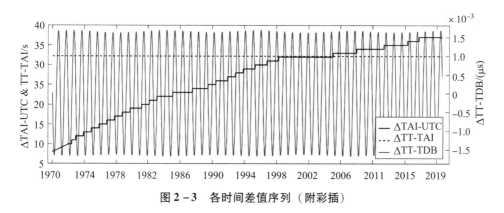

图 2 – 3　各时间差值序列（附彩插）

■ 2.2　坐标系统

　　轨道计算、重力场、天体定向模型和行星历表等描述均离不开坐标参考系统。大地测量学的任务之一是建立全球坐标参考框架，在行星科学中涉及多个坐标系统的研究。地球上按照概念层级可以分为地球参考系、地球参考框架和坐标系统。参考系是理想化的定义，参考框架是通过有限观测点来实现参考系，坐标系则是参考框架的具体表达形式。天球参考框架如表 2 – 1 所示。

表 2 - 1 天球参考框架

框架	基准	平均观测年	观测方式	应用
FK5	1535 + 3117 亮星	1940—1950	光学	1976—1997 年基本天文参数
ICRF1	608 射电源（212 定义源）	1987	VLBI	1998 年后作为天球参考框架
Hipparcos	118218 亮星	1991	卫星	后作为 ICRF 建立的光学数据
ICRF2	3414 射电源（295 定义源）	1999	VLBI	2010 年后天球参考框架

2.2.1 天球参考系与参考架

天球参考系（Celestial Reference System，CRS）是与宇宙中遥远的目标固定在一起的坐标系统，z 轴指向 J2000.0 时刻的协议天极，x 轴指向 J2000.0 时刻的平春分点，y 轴与之形成右手系。可认为天球坐标系不存在旋转，是一个理想的惯性系统。

国际天球参考系（ICRS）为了描述天体的位置和运动，以及成为建立星表和太阳系质心历表的基础，无论是从概念上，还是实现上，它都应该尽量地接近惯性参考系，即原点没有加速度，而且坐标框架相对于遥远的河外天体没有旋转。因此，ICRS 也可以认为是一个"空固"的参考系，或者"运动学无转动"的参考系。ICRS 自身没有空间轴定向，为了和过去的基本参考系保持连续，曾确定为接近 J2000.0 的平赤道和动力学分点。ICRS 通过一组河外源的采用坐标来实现。ICRS 与时间无关，因此没有历元。

国际天球参考架（International Celestial Reference Frame，ICRF）表现为一组河外天体，其位置及其误差实现了 ICRS 的坐标轴与误差范围。

2.2.2 质心天球参考系

质心天球参考系（Barycentric Celestial Reference System，BCRS）是太阳系质心系的一组时空坐标系，以广义相对论为理论框架，度规张量由 IAU 2000 决议 B1.3 给定。BCRS 的度规张量并没有将坐标完全固定，空间轴的最后取向没有确定。然而，根据 IAU 2006 决议 B2，在所有的实际应用中，除非有特别的陈述，BCRS 空间轴的定向和 ICRS 的轴保持一致。

■ 2.3　地球坐标系统

2.3.1　岁差、章动和极移

岁差，更精确地讲是春分点岁差，是由于赤道平面和黄道平面的运动而引起的。由于太阳、月球对地球上赤道隆起部分的作用力矩而导致赤道平面的进动，或者说天极绕黄极在半径为黄赤交角 ε 的小圆上的顺时针方向旋转，其运动速度为每年西移 50.39 s，称为赤道岁差。

除太阳和月球对地球的万有引力外，其他行星也对地球和月球产生万有引力，影响地月系质心绕日公转的轨道平面，黄道面产生变化，使春分点产生移动，将这种岁差称为黄道岁差。黄道岁差使春分点在天球赤道上每年约东移0.1 s，还会使黄赤交角 ε 变化。

恒星的位置是在天球坐标系中描述的。岁差的影响导致不同时刻的瞬时天球坐标系不同，因此不同时刻的恒星位置无法相互比较。为了比较不同时刻的恒星的位置，必须把不同时刻恒星在不同瞬时坐标系下的位置归算到统一的坐标系下（协议天球坐标系），这就必须进行岁差改正。

由于日、月及行星相对地球的位置在不断变化，日、月对地球隆起部分的万有引力产生的旋转力矩不是恒量，使黄道面相对于地球的位置在不断变化，从而北天极、春分点、黄赤交角等在总岁差的基础上产生额外的微小摆动，这种周期性的微小摆动称为章动。具体来说，章动是月球绕地球公转的白道平面之间的夹角在 18°17′ ~ 28°35′以 18.6 年周期变化。月球绕地公转中，除受地球的万有引力，还受到太阳和其他天体的万有引力。在这些摄动力的作用下，月球公转平面——白道产生进动。白道平面与黄道平面的交线会沿着黄道平面每年以顺时针方向（从黄极看）旋转 19°20.5′，约 18.6 年一周。白黄道面夹角为 5°09′。因白道面运动，白赤交角在 19°20.5′±5°09′范围内变动，周期也为 18.6 年。

地球自转轴和地面的交点称为地极。由于地球内部物质（如地幔对流等）和表面物质（如海潮、洋流等）的运动，使地球相对于自转轴产生相对运动，引起地极的移动，这种现象称为极移。由于极移，测站的纬度不断变化，定义测站的平均纬度直接关系到平均极的定义及瞬时地极的坐标。

2.3.2 地球参考系与参考架

地球固联坐标系（Earth-Fixed Coordinate System）也称作地球参考系，是与地球共同旋转，固定在地球上的坐标系统，其原点位于地球质心，坐标轴的指向根据具体选择不同又可继续分为相应的坐标系。一般国际上选择协议地极方向（Conventional Terrestrial Pole，CTP）作为 z 轴指向，x 轴指向本初子午线与平赤道的交点，y 轴与之形成右手系，这种称为协议地球坐标系。其中，IERS 建立的协议地球坐标系应用最为广泛，称为国际地球参考系（International Terrestrial Reference System，ITRS）。若 z 轴指向瞬时地球北极，x 轴指向本初子午线与瞬时平赤道的交点，则称为瞬时地球坐标系（Terrestrial Intermediate Reference System，TIRS）。无论是哪种坐标系，都可用空间直角坐标和大地坐标两种形式表示。

国际地球参考系（International Terrestrial Reference System，ITRS）：根据 IU-GG 2007 决议 2，ITRS 是一个特定的地心地球参考系（GTRS），它的定向保持了与过去的国际协议（BIH 定向）之间的连续性。其共转条件定义为地球表面没有残余的转动，并且地心定义为包括海洋和大气在内的整个地球的质量中心（IU-GG 1991 决议 2）。为了和以前的地球参考系保持连续，它最初的定向靠近历元 1900 平赤道和格林尼治子午圈。

国际地球参考架（International Terrestrial Reference Frame，ITRF）：用分布在地球表面上一组参考点（如空间大地测量站及其标志物）的瞬时坐标（和速度）实现的 ITRS。当前的 ITRF 在很高的精度上提供了估计这些参考点瞬时位置的模型，它是"标准位置"和 IERS 规范中心提供的传统的改正量（地球固体潮、极潮等）之和。ITRF 的初始定向是 BIH 地球参考系在历元 1984.0 的定向。

2.3.4 地心天球参考系与参考架

地心天球参考系（Geocentric Celestial Reference System，GCRS）：在广义相对论框架内的地心时空坐标系，度规张量由 IAU 2000 决议 B1.3 所给定。GCRS 定义的质心天球参考系（Barycentric Celestial Reference System，BCRS）和 GCRS 之间的空间坐标变换不包含转动，即 GCRS 相对 BCRS 是运动学不转动的。GCRS

的空间轴定向来自 BCRS，除非特别声明来自 ICRS 的定向。GCRS 属于地球局部参考系，处理地球引力范围的问题比 BCRS 更为方便，对地球探测器的数据处理与应用首选 GCRS。

J2000.0 平赤道参考系（Earth Mean Equator of J2000，EME2000）与 GCRS 仅存在一个微小的常数偏差，即参考框架偏差，大多数情况下此差距可忽略不计。当前模型提供的 J2000.0 平赤道和（动力学）平春分点相对 GCRS 的三个偏差中，前两个是 J2000.0 平极的偏差，第三个是 J2000.0 平动力学分点的赤经偏差。

$$
\begin{cases}
\xi_0 = -0''.016617 \pm 0''.000010 \\
\eta_0 = -0''.006819 \pm 0''.000010 \\
d\alpha_0 = -0''.0146 \pm 0''.00050
\end{cases}
$$

$$B = R_x(-\eta_0)R_y\xi_0 R_z(d\alpha_0) \tag{2.12}$$

2.4　实用坐标系统转换

在射电科学中更加依赖国际天球参考系（International Celestial Reference Frame，ICRF），其他大行星的坐标系统定义也简化很多，应用层面上更关注不同行星与探测器及行星之间的坐标系统转换。按照对天体和探测器刻画的需求，坐标系统之间的转换按照三维和四维进行区分。

牛顿力学中相对静止或者匀速直线运动的两个参考系之间的变换一般仅涉及旋转和平移，不涉及两个坐标系统的时间变换，称为伽利略变换，这也是目前射电数据处理中最常用参考系转换流程，对于相对论效应仅添加改正项。在行星动力学研究中或者进行更为精密的天体测量时，常需要包含时间维度，在相对论框架下建立起相对完整的四维空间，坐标系之间的变换称为洛伦兹变换。在闵科夫斯基空间中，通过洛伦兹变换把两个参考系转换中的时间因素考虑进去，其中基于广义相对论建立黎曼弯曲空间，对应于物质分布提出了三个时空几何性质的张量函数，统称为度规张量。国际天文会联合发布 IAU 2000 年 B1.3 决议，采用了这三个度规来构建质心天球参考系（Barycentric Celestial Reference System，BCRS），对应的时间基准是在上一小节介绍的 TCB 时间。BCRS 是射电跟踪数据

处理中最常用的坐标系。BCRS 中的完整度规张量表达式为

$$
\begin{cases}
g_{00} = -1 + \dfrac{2w}{c^2} - \dfrac{2w^2}{c^4} \\[2ex]
g_{0i} = -\dfrac{4}{c^3}w^i \\[2ex]
g_{ij} = \delta_{ij}\left(1 + \dfrac{2}{c^2}w\right)
\end{cases}
\tag{2.13}
$$

其中，w 和 w^i 分别为标量牛顿势和向量势；$c = 299\ 792\ 458$ m/s；δ_{ij} 为克罗内克函数符号（下角标相同取 1，反之取 0）。假设标量牛顿势和向量势在太阳系无穷远处消失，则有标量位函数 $w(t,\boldsymbol{x})$ 和矢量位函数 $w^i(t,\boldsymbol{x})$：

$$
w(t,\boldsymbol{x}) = G\int \mathrm{d}^3\boldsymbol{x}'\frac{\sigma(t,\boldsymbol{x}')}{|\boldsymbol{x}-\boldsymbol{x}'|} + \frac{1}{2c^2}G\frac{\partial^2}{\partial t^2}\sum_J\int \mathrm{d}^3\boldsymbol{x}'\sigma(t,\boldsymbol{x}')\,|\boldsymbol{x}-\boldsymbol{x}'|
$$

$$
w^i(t,\boldsymbol{x}) = G\sum_J\int \mathrm{d}^3\boldsymbol{x}'\frac{\sigma^i(t,\boldsymbol{x}')}{|\boldsymbol{x}-\boldsymbol{x}'|}
\tag{2.14}
$$

其中，σ 和 σ^i 分别表示引力质量密度和当前质量密度，$i = 1$，2，3；J 表示太阳系中所有引力体。类似地，可构建以地球质心为原点的地心天球参考系（Geocentric Celestial Reference System，GCRS），GCRS 是射电处理中建立跟踪测站和探测之间关系的常用坐标系，相应的度规张量可写成：

$$
\begin{cases}
G_{00} = -1 + \dfrac{2W}{c^2} - \dfrac{2W^2}{c^4} \\[2ex]
G_{0a} = -\dfrac{4}{c^3}W^a \\[2ex]
G_{ab} = \delta_{ab}\left(1 + \dfrac{2}{c^2}W\right)
\end{cases}
\tag{2.15}
$$

其中，W 和 W^a 分别是地球标量势和向量势，可以写成：

$$
W(T,\boldsymbol{X}) = W_{\mathrm{E}}(T,\boldsymbol{X}) + W_{\mathrm{ext}}(T,\boldsymbol{X})
\tag{2.16}
$$

$$
W^a(T,\boldsymbol{X}) = W_{\mathrm{E}}^a(T,\boldsymbol{X}) + W_{\mathrm{ext}}^a(T,\boldsymbol{X})
\tag{2.17}
$$

它们可以分为两项，第一项来自地球引力部分，第二项来自潮汐和惯性效应。其 W_{E} 和 W_{E}^a 与 w 和 w^i 的定义与式（2.10）类似。GCRS 与 BCRS 的相互转换公式为（Moyer，2005）：

$$
\boldsymbol{r}_{\mathrm{BC}} = \left(1 - \tilde{\mathrm{L}} - \frac{\gamma U_{\mathrm{E}}}{c^2}\right)\boldsymbol{r}_{\mathrm{GC}} - \frac{1}{2c^2}(\dot{\boldsymbol{r}}_{\mathrm{E}}\cdot\boldsymbol{r}_{\mathrm{GC}})\dot{\boldsymbol{r}}_{\mathrm{E}} + \boldsymbol{r}_{\mathrm{E}}
\tag{2.18}
$$

$$r_{GC} = \left(1 + \tilde{L} + \frac{\gamma U_E}{c^2}\right)r_{BC} + \frac{1}{2c^2}(\dot{r}_E \cdot r_{BC})\dot{r}_E - r_E \tag{2.19}$$

其中，r_{BC} 和 r_{GC} 分别表示 BCRS 和 GCRS 下的位置矢量；r_E 和 $\dot{r}_E$ 分别表示地心在 BCRS 下的位置和速度矢量；$\tilde{L} = 1.480\ 827 \times 10^{-8}$；$\gamma$ 为后牛顿参数；c 为真空下的光速；U_E 为太阳系内除地球外的其他天体对地球的引力位之和。

2.4.1　GCRS 与 ITRS 的转换

GCRS 担任与国际地球参考系（International Terrestrial Reference System，ITRS）相联系的桥梁，两者之间的转换是射电跟踪数据处理最为关键的环节之一。IERS 发布和维持 ITRS，具体由国际地球参考框架（International Terrestrial Reference Frame，ITRF）实现，主要利用分布全球观测站的观测数据，如 VLBI、GPS、LLR 等，进行综合处理和分析得到 ITRF 框架。GCRS 与 ITRS 的转换过程如图 2-4 所示。

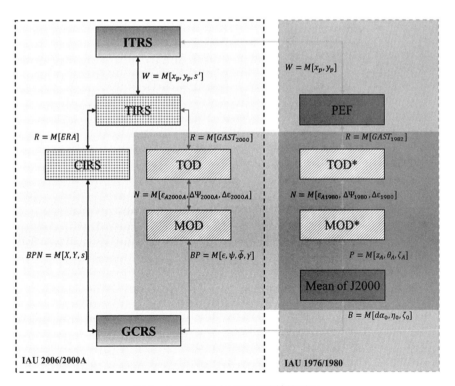

图 2-4　GCRS 与 ITRS 的转换过程

图 2-4 中涉及的缩写有地球中间参考系（Terrestrial Intermediate Reference System，TIRS），准地球地固系（Pseudo Earth Fixed，PEF），天球中间参考系（Celestial Intermediate Reference System，CIRS），地球瞬时真赤道参考系（True Equinox and Equator of Date，TOD），地球瞬时平赤道参考系（Mean of Date，MOD），地球 J2000 平赤道参考系（Earth Mean Equator，Mean Equinox Dynamical System，Mean of J2000），以上定义可以查阅 IAU 2006 决议的 B2。

图 2-3 根据不同岁差章动模型分为两条路线：采用 IAU 1976/1980 岁差章动模型或 IAU 2006/2000A 岁差章动模型，其中涉及 W 极移、R 地球自转、N 章动、P 岁差矩阵和 B 框架偏差等矩阵。横向对比来看，这两条路线包含三种方法，其中有几点差异在此说明。

（1）TIRS 和 PEF，均用到 (x_p, y_p) 地球极移分量，s' 为地球中间参考系经度起算点在基于 TIRS 的转换中使用。

（2）最简便的路线是 TIRS 绕天球中间极转动角度 ERA 得到 CIRS，再旋转 (X, Y, s) 为岁差章动参数和天球中间参考系经度起算点定位角。ERA 是 UT1 的线性函数，由 EOP 文件提供。

（3）原始路线中利用地球 J2000 平赤道参考系，主要是在旧版中需要先用 IAU 1976 岁差模型 z_A, θ_A, ζ_A，再用天极补偿 η_0, ζ_0 和 J2000 春分点的补偿 $d\alpha_0$（这一项常数项改正极小）。新版中提出使用 Fukushima - Williams 旋转角，采用 $\in$，$\psi, \bar{\phi}, \bar{\gamma}$。

GCRS 与 ITRS 的相互转换比较烦琐，GCRS 和 BCRS 则需要平移加上相对论改正项，式（2.11）给出了转换关系。需要说明的是，目前在实际射电数据处理中，探测器的轨道积分一般以环绕天体作为中心天体。为避免混淆，给出 J2000.0 的定义，它主要规定基准平面：J2000.0 时刻的平赤道面；z 轴指向：J2000.0 时刻的协议天极；主轴方向：J2000.0 时刻的平春分点。不同 J2000.0 的差异在于原点，地球 J2000.0 原点在地心，太阳 J2000.0 原点在太阳质心，月球 J2000.0 原点在月心等，以此类推。J2000.0 系列之间的坐标转换可以直接平移，在相关研究中常把某行星 J2000.0 坐标系称为某心天球坐标系。以月球为例，月球惯性系就是月球 J2000.0，其主要功能是把探测器力学模型相关的计算统一在一个框架下。建立月球 J2000.0 之后，还需要建立其与月球固体系的关系，尤其是重力场模型需要在固体系中表达。

在 IAU 2000 规范下，由于瞬时真赤道有两种不同的描述方式，因此 J2000.0 惯性系到地固系的坐标转换也同样有两种不同的方式：一种与传统方式一致，以春分点为基准；另一种则是以天球中间原点（CIO）为基准。Petit 给出了 IAU 2006/2000A 下各步详细公式，并与 SOFA 函数库中的函数名称对应，下面分别进行介绍。

1. 以春分点为基准的转换

以春分点为基准的转换与 IAU 1980 规范的转换方式一致，转换公式如下：

$$[TRS] = RPOM * R_z(GST) * RBPN * [CRS] \tag{2.20}$$

其中，$[TRS]$ 为地固系下的向量；$[CRS]$ 为 J2000.0 惯性系下的向量；$RPOM$ 为极移矩阵；$R_z(GST)$ 为地球自转矩阵；$RBPN$ 为不考虑框架偏差的岁差章动矩阵。

（1）岁差章动矩阵计算。

2000 年 8 月，第 24 届 IAU 大会讨论通过从 2003 年正式采纳 IAU 2000 岁差章动模型。其岁差章动矩阵为

$$RPN = P(t)N(t) \tag{2.21}$$

岁差矩阵为

$$P(t) = R_z(-z_A)R_y(-\theta_A)R_z(-\zeta_A) \tag{2.22}$$

其中，z_A, θ_A, ζ_A 为岁差常数，且满足，

$$\zeta_A = 2.597\,617\,6'' + 2\,306.080\,950\,6''t + 0.301\,901\,5''t^2 + 0.017\,966\,3''t^3 -$$
$$0.000\,032\,7''t^4 - 0.000\,000\,2''t^5 \tag{2.23}$$

$$\theta_A = 2\,004.191\,747\,6''t - 0.426\,935\,3''t^2 - 0.041\,825\,1''t^3 - 0.000\,060\,1''t^4 -$$
$$0.0000001''t^5 \tag{2.24}$$

$$z_A = -2.597\,617\,6'' + 2\,306.080\,322\,6''t + 1.094\,779\,0''t^2 + 0.018\,227\,3''t^3 +$$
$$0.000\,047\,0''t^4 - 0.000\,000\,3''t^5 \tag{2.25}$$

$$t = (MJD(t) - MJD(J2000.0))/36\,525 \tag{2.26}$$

章动矩阵为

$$N(t) = R_x(-(\varepsilon + \Delta\varepsilon))R_z(-\Delta\psi)R_x(\varepsilon) \tag{2.27}$$

上式中变量含义与前文一致。对应不同精度需求，IAU 2000 章动模型有 IAU 2000A 和 IAU 2000B 两种不同模式，其对应精度分别为 0.2 mas 和 1 mas。

IAU 2000A 模型中，平黄赤交角计算公式如下：

$$\varepsilon_A = \varepsilon_{A\_1980} - 0.025\,24t \tag{2.28}$$

其中，时间引数 t 的表达式与式（2.16）相同。

IAU 2000A 章动模型包含了 678 项日月章动和 687 项行星章动。

对于日月章动：

$$\Delta\psi_1 = \sum_{i=1}^{678} \left[(A_i + A'_i t)\sin(\mathrm{Argument}) + (A''_i + A'''_i t)\cos(\mathrm{Argument}) \right] \tag{2.29}$$

$$\Delta\varepsilon_1 = \sum_{i=1}^{678} \left[(B_i + R'_i t)\cos(\mathrm{Argument}) + (B''_i + B'''_i t)\sin(\mathrm{Argument}) \right] \tag{2.30}$$

对于行星章动：

$$\Delta\psi_2 = \sum_{i=1}^{687} \left[A_i\sin(\mathrm{Argument}) + A''_i\cos(\mathrm{Argument}) \right] \tag{2.31}$$

$$\Delta\varepsilon_2 = \sum_{i=1}^{687} \left[B_i\cos(\mathrm{Argument}) + B''_i\sin(\mathrm{Argument}) \right] \tag{2.32}$$

则总的章动量为行星章动和日月章动之和：

$$\Delta\psi = \Delta\psi_1 + \Delta\psi_2$$
$$\Delta\varepsilon = \Delta\varepsilon_1 + \Delta\varepsilon_2 \tag{2.33}$$

以上表达式中，$A_i, B_i, A'_i, B'_i, A''_i, B''_i, A'''_i, B'''_i$ 即为章动系数，具体取值可参阅 IAU 指定的 SOFA 工作组函数库中的相关子程序。Argument 也称为 Delaunay 参数，其中，对于日月章动，Delaunay 参数是 l, l', F, D, Ω 5 个参数的线性组合：

$$F_1 \equiv l = 134.963\,402\,51° + 1\,717\,915\,923.217\,8''t + 32.879\,2''t^2 +$$
$$0.051\,635''t^3 - 0.000\,244\,70''t^4$$

$$F_2 \equiv l' = 357.529\,109\,18° + 129\,596\,581.048\,1''t - 0.553\,2''t^2 +$$
$$0.000\,136''t^3 - 0.000\,011\,49''t^4$$

$$F_3 \equiv F = L - \Omega$$
$$= 93.272\,090\,62° + 1\,739\,527\,262.847\,8''t - 12.751\,2''t^2 -$$

$$0.001\ 037''t^3 + 0.000\ 004\ 17''t^4$$

$$F_4 \equiv D = 297.850\ 195\ 47° + 1\ 602\ 961\ 601.209\ 0''t - 6.370\ 6''t^2 +$$

$$0.006593''t^3 - 0.00003169''t^4$$

$$F_5 \equiv D = 125.04\ 455\ 501° - 6\ 962\ 890.543\ 1''t + 7.472\ 2''t^2 +$$

$$0.007\ 702''t^3 - 0.000\ 059\ 39''t^4 \tag{2.34}$$

对于行星章动，除了以上 5 个 Delaunay 变量外，还有 9 个变量，分别是木星、金星、地球、火星、木星、土星、天王星、海王星 8 个行星的平黄经及黄经总岁差，它们的表达式如下：

$$F_6 \equiv l_{Me} = 4.402\ 608\ 842 + 2\ 608.790\ 314\ 157\ 4 \times t$$

$$F_7 \equiv l_{Ve} = 3.176\ 146\ 697 + 1\ 021.328\ 554\ 621\ 1 \times t$$

$$F_8 \equiv l_E = 1.753\ 470\ 314 + 628.307\ 584\ 999\ 1 \times t$$

$$F_9 \equiv l_{Ma} = 6.203\ 480\ 913 + 334.061\ 242\ 670\ 0 \times t$$

$$F_{10} \equiv l_{Ju} = 0.599\ 546\ 497 - 52.969\ 096\ 264\ 1 \times t$$

$$F_{11} \equiv l_{Sa} = 0.874\ 016\ 757 + 21.329\ 910\ 496\ 0 \times t$$

$$F_{12} \equiv l_{Ur} = 5.481\ 293\ 872 + 7.478\ 159\ 856\ 7 \times t$$

$$F_{13} \equiv l_{Ne} = 5.311\ 886\ 287 + 3.813\ 303\ 563\ 8 \times t$$

$$F_{14} \equiv p_a = 0.024\ 381\ 750 \times t + 0.000\ 005\ 386\ 91 \times t^2 \tag{2.35}$$

（2）地球自转矩阵计算。

地球自转矩阵与 IAU 1980 形式一致

$$R(t) = R_z(-\text{GAST}) \tag{2.36}$$

只是格林尼治视恒星时的计算中引入了二分差（equation of equinox）。

（3）极移矩阵计算。

极移矩阵与 IAU 1980 相比略有差异：

$$\boldsymbol{RPOM} = R_z(-s')R_y(x_p)R_x(y_p) \tag{2.37}$$

其中，s' 为地球历书原点（TEO）在赤道上的位置，它是通过对极移观测量的数值积分得到的，因此无法预报。通过观测发现，s' 存在每个世纪约 47 mas 的长期变化，因此可以用下式近似：

$$s' = (47 \times 10^{-6})t$$

$$t = \frac{MJD(TT) - 51\,544.5}{36\,525} \tag{2.38}$$

2. 以 CIO 为基准的转换

基于天球中间原点 CIO 的转换是以天球中间参考系（CIRS）为媒介的，该坐标系与传统的瞬时真春分点真赤道坐标系类似，由天球中间极 CIP 和天球中间原点 CIO 定义。天球中间极 CIP 与 IAU 2000 决议之前的天文历书极 CEP 类似，它们之间的差别只有几十 μas，天球中间原点 CIO 是天球中间参考系的赤经起算的起点，它没有赤道上的运动分量，其在 ICRS 中的赤经由定值角 s 确定。

以 CIO 为基准的转换公式如下：

$$[\boldsymbol{TRS}] = \boldsymbol{RPOM} * R_z(\boldsymbol{ERA}) * \boldsymbol{RC2I} * [\boldsymbol{CRS}] \tag{2.39}$$

其中，$[\boldsymbol{TRS}]$ 为地固系下的向量，$[\boldsymbol{CRS}]$ 为 J2000.0 惯性系下的向量，$\boldsymbol{RPOM}$ 为极移矩阵，$R_z(\boldsymbol{ERA})$ 为地球自转矩阵，$\boldsymbol{RC2I}$ 为天球参考系至天球中间参考系的转换矩阵。地球自转角计算公式参见式（2.4）。可见，以 CIO 为基准的转换与以春分点为基准的转换的差别主要是由 CRS 至 CIRS 的转换。下面我们将着重介绍由 CRS 至 CIRS 的转换矩阵 $\boldsymbol{RC2I}$。

CIP 在 ICRS 中的直角坐标为 X, Y, Z，极坐标为 d, E，它们之间的关系如下式所示：

$$\begin{cases} X = \sin d \cos E \\ Y = \sin d \sin E \\ Z = \cos d \end{cases} \tag{2.40}$$

转换矩阵 $\boldsymbol{RC2I}$ 可表示为：

$$\boldsymbol{RC2I} = R_z(-E-s)R_y(d)R_x(E) \tag{2.41}$$

其中，

$$E = \tan^{-1}\left(\frac{Y}{X}\right)$$

$$d = \sin^{-1}\left((X^2 + Y^2)^{\frac{1}{2}}\right) \tag{2.42}$$

利用 IAU 2000 岁差章动模型可以计算 $X, Y, s + \frac{1}{2}XY$。

不管采取何种基准，瞬时真赤道坐标作为中间参考系，瞬时极均为 CIP，因此两种方式从 GCRS 到瞬时真赤道坐标的转换矩阵最后一行元素均为 CIP 方向的单位向量，如果以 CIO 为基准，此时的瞬时真赤道为 CIP 对应的赤道。因此在实际计算过程中，可以从岁差章动矩阵中获取 X, Y。

$$X = \boldsymbol{RBPN}(3,1)$$

$$Y = \boldsymbol{RBPN}(3,2) \tag{2.43}$$

有了 X, Y，就可以通过 $s + \dfrac{1}{2}XY - \dfrac{1}{2}XY$ 得到 s，从而得到惯性坐标系至天球中间坐标系的转换矩阵 $\boldsymbol{RC2I}$。

2.4.2　GCRS 与 BCRS 的转换关系

GCRS 至 BCRS 的转换关系为：

$$\vec{r}_{BC} = \left(1 - L_C - \frac{\gamma U_E}{c^2}\right)\vec{r}_{GC} - \frac{1}{2c^2}(\dot{\vec{r}}_E \cdot \vec{r}_{GC})\dot{\vec{r}}_E + \vec{r}_E \tag{2.44}$$

速度转换关系可以表示为：

$$\dot{\vec{r}}_{BC} = \frac{\mathrm{d}\vec{r}_{BC}}{\mathrm{d}t_{TDB}}$$

$$= \left[1 - \frac{(1+\gamma)U_E}{c^2} - \frac{\dot{\vec{r}}_E^2}{2c^2} - \frac{\dot{\vec{r}}_E \cdot \vec{r}_{GC}}{c^2}\right]\vec{r}_{GC} -$$

$$\frac{1}{2c^2}\left[(\ddot{\vec{r}}_E \cdot \vec{r}_{GC} + \dot{\vec{r}}_E \cdot \dot{\vec{r}}_{GC})\dot{\vec{r}}_E + (\dot{\vec{r}}_E \cdot \vec{r}_{GC})\ddot{\vec{r}}_E \cdot \vec{r}_E\right] + \dot{\vec{r}}_E \tag{2.45}$$

$$\frac{\mathrm{dTT}}{\mathrm{dTDB}} = 1 - \frac{U_E}{c^2} - \frac{\dot{\vec{r}}_E^2}{2c^2} + L_C - \frac{\dot{\vec{r}}_E \cdot \vec{r}_{GC}}{c^2} \tag{2.46}$$

其中，$\vec{r}_{BC}, \dot{\vec{r}}_{BC}$ 分别表示 BCRS 参考系下位置速度矢量；$\vec{r}_{GC}, \dot{\vec{r}}_{GC}$ 分别表示 GCRS 参考系下位置速度矢量；$\vec{r}_E, \dot{\vec{r}}_E, \dot{\vec{r}}_E \cdot \vec{r}_E$ 分别表示地球在 BCRS 参考系下的位置、速度、加速度矢量；L_C 为常数，满足 $L_C = \langle \mathrm{TCG/TCB} \rangle$，其中 $\langle\ \rangle$ 表示在地心处的长期平均，根据 IAU XXIV 决议，目前 $L_C = 1.480\,826\,867\,41 \times 10^{-8}$；$\gamma$ 为后牛顿参数；c 表示光速；U_E 表示除地球外的太阳系其他天体在地球附近产生的引力势。

相应的逆变换可以表示为：

$$\vec{r}_{GC} = \left(1 + L_C + \frac{\gamma U_E}{c^2}\right)\vec{r}_{BC} + \frac{1}{2c^2}(\dot{\vec{r}}_E \cdot \vec{r}_{GC})\dot{\vec{r}}_E - \vec{r}_E \tag{2.47}$$

$$\dot{\vec{r}}_{GC} = \frac{\mathrm{d}\vec{r}_{GC}}{\mathrm{d}t_{TT}}$$

$$= \left[1 + \frac{(1+\gamma)U_E}{c^2} + \frac{\dot{\vec{r}}_E^2}{2c^2} + \frac{\dot{\vec{r}}_E \cdot \dot{\vec{r}}_{BC}}{c^2} \right] \dot{\vec{r}}_{BC} +$$

$$\frac{1}{2c^2}[(\ddot{\vec{r}}_E \cdot \vec{r}_{GC} + \dot{\vec{r}}_E \cdot \dot{\vec{r}}_{GC})\dot{\vec{r}}_E + (\dot{\vec{r}}_E \cdot \vec{r}_{GC})\ddot{\vec{r}}_E] - \dot{\vec{r}}_E \qquad (2.48)$$

GCRS 与 BCRS 的转换在深空探测中主要涉及测站站址坐标的转换。图 2 – 5 以喀什站为例，计算了坐标系平移与精确转换的差异，覆盖的时间跨度约为 10 年。图（a）为位置差异，（b）为速度差异。平移计算损失的精度对于位置达 20 cm，该差异在高精度的测量建模中必须考虑。

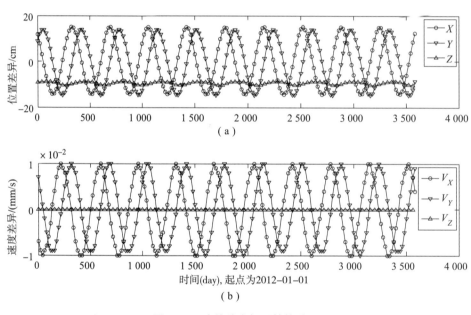

图 2 – 5　喀什站坐标系转换差异

（a）位置转换；（b）速度转换

图 2 – 6 同为计算喀什站 BCRS 坐标结果，分别考虑了简单坐标平移与精确转换，但是转换中考虑了除太阳外的其他天体。

比较图 2 – 5 与图 2 – 6，可以判定，计算 GCRS 与 BCRS 转换时，太阳之外的天体产生的影响非常小，只需要考虑太阳影响即可满足正常使用的精度要求。

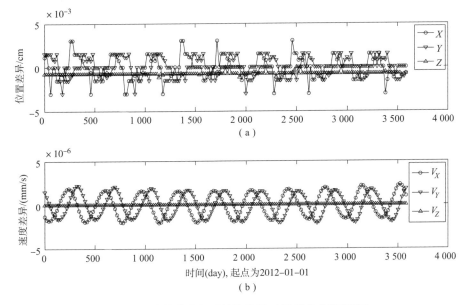

图 2-6　喀什站坐标系转换差异（不考虑太阳影响）

■ 2.5　行星自转模型

相对 ITRS 和地球 J2000 之间的转换，月球、水星、土星、木星等的地固坐标系和其对应天球坐标系（J2000）之间的转换要简单很多，惯性坐标系与固体坐标系涉及自转定向模型，如图 2-7 所示。以月球为例，月固系包括惯量主轴坐标系（Principal Axes，PA）和平地球/平转坐标系（Mean-Earth/mean-Rotation frame，MER）。PA 是月面反射器、重力场力模型建立的坐标系；MER 主要用于月面地理产品，其他天体没有 MER 坐标系。PA 和 MER 之间的转换也与历表版本相关，历表 DE440 和 DE403、DE421、DE430 所对应的 PA 与 MER 的转换关系有细微差异，为使其数值计算保持一致性历表不要混合使用，最新转换公式如下：

$$r_{\mathrm{MER,DE421}} = R_x(-0.2785)R_y(-78.6944) \times R_z(-67.8526)r_{\mathrm{PA,DE440}} \quad (2.49)$$

月固系下向量（r_{PA}）与惯性系下向量（r_{J2000}）之间的转换关系通过欧拉角建立，通过数值积分来求得月球自转相应的三个欧拉角。PA 与月心天球坐标系转换关系如下：

$$r_{\mathrm{J2000}} = R_z(90° + \alpha_0)R_x(90° - \delta_0)R_z(W)r_{\mathrm{PA}} \quad (2.50)$$

其中，W 表示当前时刻天体赤道与零度经线的交点及与 ICRF 赤道面的交点的经度差；α_0 和 δ_0 分别代表天体自转轴极点的赤经和赤纬。

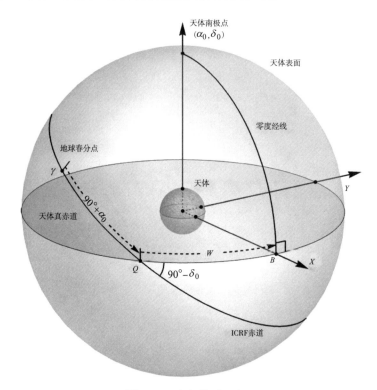

图 2－7　定向模型示意图

月球的这三个定向参数可从星历中获取，对于水星、土星、木星则可以采用 IAU 发布的参数。

（1）水星自转模型。

$$\begin{cases}
\alpha_0 = 281.010\,3 - 0.032\,8T \\
\delta_0 = 61.415\,5 - 0.004\,9T \\
W = 329.598\,8 \pm 0.003\,7 + 6.138\,510\,8d + \\
\quad 0.010\,672\,57\sin M_1 - \\
\quad 0.001\,123\,09\sin M_2 - \\
\quad 0.000\,110\,40\sin M_3 - \\
\quad 0.000\,025\,39\sin M_4 - \\
\quad 0.000\,005\,71\sin M_5
\end{cases} \qquad (2.51)$$

其中，T 是儒略世纪数；d 是距离起始时刻的天数。

$$\begin{cases} M_1 = 174.791\,085\,7 + 4.092\,335d \\ M_2 = 349.582\,171\,4 + 8.184\,670d \\ M_3 = 164.373\,257\,1 + 12.277\,005d \\ M_4 = 339.164\,342\,9 + 16.369\,340d \\ M_5 = 153.955\,428\,6 + 20.461\,675d \end{cases} \tag{2.52}$$

（2）金星自转模型。

$$\begin{cases} \alpha_0 = 272.76 \\ \delta_0 = 67.16 \\ W = 160.20 - 1.481\,368\,8d \end{cases} \tag{2.53}$$

金星 0° 子午线是由阿里阿德涅火山口中心山峰定义的。

（3）地球。

$$\alpha_0 = 0.00 - 0.641T$$

$$\Delta_0 = 90.00 - 0.557T$$

$$W = 190.147 + 360.985\,623\,5d \tag{2.54}$$

（4）火星自转模型。

$$\begin{aligned} \alpha_0 = {}& 317.269\,202 - 0.109\,275\,47T + \\ & 0.000\,068\sin(198.991\,226 + 19\,139.481\,998\,5T) + \\ & 0.000\,238\sin(226.292\,679 + 38\,280.851\,128\,1T) + \\ & 0.000\,052\sin(249.663\,391 + 57\,420.725\,159\,3T) + \\ & 0.000\,009\sin(266.183\,510 + 76\,560.63\,679\,50T) + \\ & 0.419\,057\sin(79.398\,797 + 0.504\,261\,5T) \\ \delta_0 = {}& 54.432\,516 - 0.058\,271\,05T + \\ & 0.000\,051\cos(122.433\,576 + 19\,139.940\,747\,6T) + \\ & 0.000\,141\cos(43.058\,401 + 38\,280.8\,753\,272T) + \\ & 0.000\,031\cos(57.663\,379 + 57\,420.7\,517\,205T) + \\ & 0.000\,005\cos(79.476\,401 + 76\,560.6\,495\,004T) + \\ & 1.591\,274\cos(166.325\,722 + 0.504\,261\,5T) \end{aligned} \tag{2.55}$$

$$\left\{\begin{aligned}
W = \ & 176.049\ 863 + 350.891\ 982\ 443\ 297d + \\
& 0.000\ 145\sin(129.071\ 773 + 19\ 140.032\ 824\ 4T) + \\
& 0.000\ 157\sin(36.352\ 167 + 38\ 281.047\ 359\ 1T) + \\
& 0.000\ 040\sin(56.668\ 646 + 57\ 420.929\ 536\ 0T) + \\
& 0.000\ 001\sin(67.364\ 003 + 76\ 560.255\ 221\ 5T) + \\
& 0.000\ 001\sin(104.792\ 680 + 95\ 700.438\ 757\ 8T) + \\
& 0.584\ 542\sin(95.391\ 654 + 0.504\ 261\ 5T)
\end{aligned}\right.$$

海盗 1 号着陆器在火星上的经度被定义为西经 $47°.95137$，通过 Airy – 0 陨石坑保持 $0°$ 子午线。

（5）木星自转模型。

$$\left\{\begin{aligned}
\alpha_0 = \ & 268.056\ 595 - 0.006\ 499T + 0.000\ 117\sin J_a + 0.000\ 938\sin J_b + \\
& 0.001\ 432\sin J_c + 0.000\ 030\sin J_d + 0.002\ 150\sin J_e \\
\delta_0 = \ & 64.495\ 303 + 0.002\ 413T + 0.000\ 050\cos J_a + 0.000\ 404\cos J_b + \\
& 0.000617\cos J_c - 0.000\ 013\cos J_d + 0.000\ 926\cos J_e \\
W = \ & 284.95 + 870.536\ 000\ 0d
\end{aligned}\right.$$

(2.56)

其中，

$$\left\{\begin{aligned}
J_a &= 99.360\ 714 + 4\ 850.404\ 6T \\
J_b &= 175.895\ 369 + 1\ 191.960\ 5T \\
J_c &= 300.323\ 162 + 262.547\ 5T \\
J_d &= 114.012\ 305 + 6\ 070.247\ 6T \\
J_e &= 49.511\ 251 + 64.300\ 0T
\end{aligned}\right.$$

（6）土星自转模型。

$$\left\{\begin{aligned}
\alpha_0 &= 40.589 - 0.036T \\
\delta_0 &= 83.537 - 0.004T \\
W &= 38.90 + 810.793\ 9024d
\end{aligned}\right.$$

(2.57)

（7）天王星自转模型。

$$\begin{cases} \alpha_0 = 257.311 \\ \delta_0 = -15.175 \\ W = 203.81 - 501.160\ 092\ 8d \end{cases}$$

需要指出的是，对于土星、木星和天王星的自转轴都是参照他的磁场自转。

（8）海王星自转模型。

$$\begin{cases} \alpha_0 = 299.36 + 0.70\sin N \\ \delta_0 = 43.46 - 0.51\cos N \\ W = 249.978 + 541.139\ 775\ 7d - 0.48\sin N \\ N = 357.85 + 52.316T \end{cases}$$

（9）太阳自转模型。

$$\begin{cases} \alpha_0 = 286°.13 \\ \delta_0 = 63°.87 \\ W = 84°.176 + 14°.1\ 844\ 000d \end{cases}$$

太阳模型中 W 被光行时校正过，并消除了像差校正。

注意：海王星自转模型的建立主要依据地面的光学观测。此外，上述公式中所有参数的单位均为度。

参考文献

［1］OLIVER M, EBERHARD G. Satellite orbits：models，methods，applications［M］. Berlin：Springer Verlag，2012.

［2］杨轩 . 火星探测器精密定轨定位与火卫一低阶重力场研究［D］. 武汉：武汉大学，2020：1 – 127.

［3］YODER C F，WILLIAMS J G，PARKE M E. Tidal variations of Earth rotation［J］. Journal of Geophysical Research：Solid Earth，1981，86（B2）：881 – 891.

［4］叶茂 . 月球探测器精密定轨软件研制与四程中继跟踪测量模式研究［D］. 武汉：武汉大学，2016：1 – 125.

[5] PETIT G, LUZUM B. IERS Conventions (2010), IERS Technical Note No. 36 [R]. Paderborn: Bonifatius GMBH, 2010: 1 – 179.

[6] KLIONER S A. Relativistic scaling of astronomical quantities and the system of astronomical units [J]. Astronomy and Astrophysics, 2005, 478 (3): 951 – 958.

[7] FOLKNER W M, WILLIAMS J G, BOGGS D H, et al. The planetary and lunar ephemerides DE430 and DE431 [R]. California: JPL, 1973.

[8] MOYER T D. Transformation from proper time on Earth to coordinate time in solar system barycentric space – time frame of reference [J]. Celestial Mechanics, 1981, 23 (1): 33 – 56.

[9] FAIRHEAD L, BRETAGNON P. An analytical formula for the time transformation TB – TT [J]. AAP, 1990, 229 (1): 240 – 247.

[10] FUKUSHIMA T. Time ephemeris [J]. Astronomy and Astrophysics, 1995, 294: 895 – 906.

[11] CAPITAINE N. Micro – arcsecond Celestial Reference Frames: definition and realization—Impact of the recent IAU Resolutions [J]. Research in Astronomy and Astrophysics, 2012, 12 (8): 1162 – 1184.

[12] MOYER T D. Formulation for observed and computed values of deep space network data types for navigation [M]. California: Jet Propulsion Laboratory, 2000.

[13] LIESKE J H, LEDERLE T, FRICKE W, et al. Expressions for the precession quantities based upon the IAU/1976/ system of astronomical constants [J]. Astronomy and Astrophysics, 1977, 58: 1 – 16.

[14] KONOPLIV A S, MILLER J K, OWEN W M, et al. A global solution for the gravity field, rotation, landmarks, and ephemeris of Eros [J]. Icarus, 2002, 160 (2): 289 – 299.

[15] ARCHINAL B A, ACTON C H, A'HEARN M F, et al. Report of the IAU working group on cartographic coordinates and rotational elements: 2015 [J]. Celestial Mechanics Dynamical Astronomy, 2018, 130: 21 – 46.

［16］马高峰．地—月参考系及其转换研究［D］．郑州：中国人民解放军信息工程大学，2005：1 – 108.

［17］刘山洪．深空探测器射电跟踪数据应用研究［D］．武汉：武汉大学，2021：1 – 127.

第 3 章
行星历表

航天应用的许多问题都要求获取行星、月球和太阳在天球参考系中的位置、速度矢量，一般该信息通过行星/月球历表的形式提供。此外，历表计算对于天体测量、天文年历编制、各种引力理论的检验、空间科学、大地测量、地球物理及其他相关学科领域的科学研究均具有重要的实用价值。

牛顿万有引力定律是天体历表构建的基础，欧拉第一个创立了比较完整的月球运动理论，拉格朗日创立了大行星运动理论，拉普拉斯则进一步发展相关理论。Newcomb 研究 18 世纪以来一百多年的精密观测记录，归算得到了太阳视差等重要天文常数，构建了 Newcomb 天文常数系统，提出了精密的大行星分析理论。相关理论成为天文年历编算的主要基础。

月球的运动远比行星复杂，拉普拉斯之后许多天文学家继续进行研究。汉森（丹麦天文学家）和布朗（美国天文学家）先后在 1838 年和 1919 年发表的月球运动表成为那个时期月球历表编算的基础。

关于行星历表的使用，对于定轨计算不同的应用场景可以采用不同的使用方法，比如摄动力模型的计算可以采用分析法，但是对于观测模型的构建则必须采用高精度的数值历表。

■ 3.1 解析和半解析历表

解析和半解析历表的发展源于对月球运动的刻画。在解析方法中，通常将解展开成 m、e、y 的幂级数形式，m 的展开式是缓慢收敛的，为了获得米级的精度，展开式必须超过 20 阶，涉及数十万项。在数值解法中，采用傅里叶级数迭代解。

最典型的解析历表是 VSOP 82（VSOP 82 analytical ephemeris），天文上所用的一种历表，是法国和比利时合作的大行星解析历表。在其展开式中，角变量和行星轨道要素都表示成时间的幂级数，系数为数值，故称为半分析历表。VSOP 82 历表 1983 年完成后，同 ELP 2000 月历表一起成为一些国家 1984 年后天文年历中日月大行星位置计算的根据。VSOP 82 的适用时间为 1800～2050 年，VSOP 85 精度低些，但可用到公元前 2000 年，便于对古代观测资料（如古代天象记录等）的研究。

半分析历表主要为法国天体力学与历算研究所（巴黎）制作，包括月球历表、行星轨道的长期变化系列历表、外行星理论系列历表等，是完全解析解和数值解之中的一类解法。虽然解析法在概念上更精确，但由于解析法计算中含有许多数值较小项，总体精度取决于少数收敛性差的子级数。此外，解析法提供一组轨道而不是一个特解，而数值法受限于当时的计算水平。因此，法国巴黎天文台率先提出半解析解，尝试融合两种方法的优点。半解析法不是在小参数 m，e，y 的零点附近展开，而是在它们的标称值附近展开，使每阶函数不再是精确的有限傅里叶级数，而是截断了的傅里叶级数，仅保留了数值上有意义的项。

表 3-1 和表 3-2 给出了一组天体平均轨道根数，基于 DE 200 行星星历使用 250 年数据通过最小二乘拟合到开普勒轨道的平均轨道解，对于类地行星精度可优于 25 角秒，但对土星仅达到约 600 角秒。

表 3-1　天体平均轨道根数

Planet (mean)	a AU	e	i deg	Ω deg	$\tilde{\omega}$ deg	L deg
水星	0.387 098 93	0.205 630 69	7.004 87	48.331 67	77.456 45	252.250 84
金星	0.723 331 99	0.006 773 23	3.394 71	76.680 69	131.532 98	181.979 73
地球	1.000 000 11	0.016 710 22	0.000 05	-11.260 64	102.947 19	100.464 35
火星	1.523 662 31	0.093 412 33	1.850 61	49.578 54	336.040 84	355.453 32
木星	5.203 363 01	0.048 392 66	1.305 30	100.556 15	14.753 85	34.404 38

续表

Planet （mean）	a AU	e	i deg	Ω deg	$\widetilde{\omega}$ deg	L deg
土星	9. 537 070 32	0. 054 150 60	2. 484 46	113. 715 04	92. 431 94	49. 944 32
天王星	19. 191 263 93	0. 047 167 71	0. 769 86	74. 229 88	170. 964 24	313. 232 18
海王星	30. 068 963 48	0. 008 585 87	1. 769 17	131. 721 69	44. 971 35	304. 880 03
冥王星	39. 481 686 77	0. 248 807 66	17. 141 75	110. 303 47	224. 066 76	238. 928 81

表 3 - 2　天体平均轨道根数变率

Planet （rate）	a AU/Cy	e /Cy	i "/Cy	Ω "/Cy	$\widetilde{\omega}$ "/Cy	L "/Cy
水星	0. 000 000 66	0. 000 025 27	- 23. 51	- 446. 30	573. 57	538 101 628. 29
金星	0. 000 000 92	- 0. 000 049 38	- 2. 86	- 996. 89	- 108. 80	210 664 136. 06
地球	- 0. 000 000 05	- 0. 000 038 04	- 46. 94	- 18 228. 25	1 198. 28	129 597 740. 63
火星	- 0. 000 072 21	0. 000 119 02	- 25. 47	- 1 020. 19	1 560. 78	68 905 103. 78
木星	0. 000 607 37	- 0. 000 128 80	- 4. 15	1 217. 17	839. 93	10 925 078. 35
土星	- 0. 003 015 30	- 0. 00 036 762	6. 11	- 1 591. 05	- 1 948. 89	4 401 052. 95
天王星	0. 001 520 25	- 0. 000 191 50	- 2. 09	- 1 681. 40	1 312. 56	1 542 547. 79
海王星	- 0. 001 251 96	0. 000 025 1	- 3. 64	- 151. 25	- 8 44. 43	786 449. 21
冥王星	- 0. 000 769 12	0. 000 064 65	11. 07	- 37. 33	- 132. 25	522 747. 90

注：Cy - 儒略世纪，a - 半长轴，e - 偏心率，i - 轨道倾角，Ω - 升交点经度，$\widetilde{\omega}$ - 近日点经度，L - 平经度。[①]

注意，表中的平均轨道根数与常规轨道六参数稍有差别，近地点幅角与平近点角需要进行转换：

$$\omega = \widetilde{\omega} - \Omega$$
$$M = L - \widetilde{\omega} \tag{3.1}$$

图 3 - 1 为分析法历表计算的大天体位置矢量相对于数值历表（DE441）计算的大天体位置矢量差异。

---

① 来源：http://www. met. rdg. ac. uk/ ~ ross/Astronomy/Planets. html

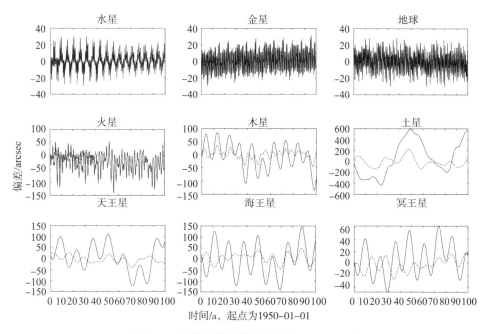

图 3 – 1　分析法历表误差分析（1950—2050）

3.2　高精度现代数值历表

20 世纪 60 年代，分析行星历表精度无法满足月球和深空探测的需要，美国喷气推进实验室（JPL）开始研发基于数值积分法的精度更高的行星历表，并逐渐形成 DE 行星历表系列，用于太阳、月球和八大行星的标准历表模型，并为各个国家的深空探测提供依据。俄罗斯科学院应用天文研究所（IAA RAS）在 20 世纪 70 年代开始研制自主的行星历表 EPM。观测数据的增加及动力学模型的改进使历表精度逐步改进，现已形成 EPM 行星历表系列。为满足欧空局深空探测和数据分析的需要，法国在 2003 年建立天体力学与历算研究所（IMCCE），开始独立研制 INPOP 行星历表。随着观测数据的增加、模型的完善，现已形成 INPOP 行星历表系列（图 3 – 2），其精度也在不断改进。目前这三大机构发布的最新版本历表分别是 DE441、INPOP19a 和 EPM2017，各具特色。

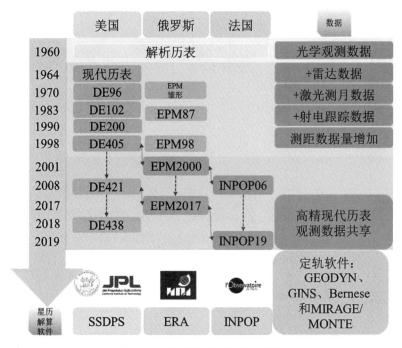

图 3 – 2　现代行星历表发展历程

DE438 提供了太阳、月球及八大行星的位置和速度与月球天平动，均为动力学模型数值积分得到。同时，DE438 提供了契比雪夫多项式系数来拟合 TDB – TT 之间的数值积分差。这一历表在之前历表的基础上改进了动力学模型，以拟合行星和月球相对于地球的相对位置的观测数据。结合最新的朱诺号和卡西尼号的观测数据，改进了木星历表（精度约 10 km）和土星历表（精度约 1 km）。木星星历的精度被认为"至少比以前的星历高出四倍"。

INPOP19a 提供了太阳系中八大行星、月球、冥王星及 14 000 颗小行星的轨道。它拟合了大约 155 000 个对行星的光学观测数据，包括木星朱诺号、2014—2017 年土星卡西尼号和 2016 年 4 月—2017 年 4 月火星快车的数据。而小行星轨道则拟合了来自 GAIA 第二阶段 DR2 的将近两百万个小行星光学观测数据。同时，为提高对土星观测数据的拟合精度，改进了动力学模型，模拟了海王星外天体（TNO）所引起的加速度，并提出一种新的估计海王星外天体（TNO）质量的方法，应用贝叶斯方法计算了 343 颗主带小行星的质量。在相同外推时间内（18 个月），INPOP19a 的单向距离外推残差与 INPOP17a 相比降低了约 50%。

EPM2017 包含了太阳、月球、八大行星、冥王星、三大小行星和四颗海王星外天体（TNO）的坐标和速度，以及月球天平动和 TT – TDB 转换。相比 EPM2015，EPM2017 拟合了 1913—2015 年大约 80 万个从经典子午线观测到现代行星探测器观测的不同类型的观测数据。EPM2017 通过对火星、金星和土星进行 VLBI 观测，从而与 ICRF2 相连，精度为 0.2 mas。EPM2017 考虑了小行星带和柯伊伯带对太阳轨道的相互影响，并针对小行星环和行星、太阳之间的相互作用建立了新的离散旋转模型。

现代高精度数值历表的构建主要依赖深空探测器就位探测获得的探测器距离观测量，用于约束天体历表位置和速度参数，进而通过数值积分获得预报和历史轨道信息。接下来将以知名行星历表为例介绍历表的结构和使用。

■ 3.3　典型数值历表 DE 结构

DE 历表是最早发布的高精度数值历表，INPOP 与 EPM 发布的历表均采用了类似 DE 历表的格式，可以通过相同的函数进行读取。

DE 历表可以在 JPL 官网上下载，目前已经更新至 DE441，可以按需选择使用，如表 3 – 3 所示。DE 历表主要由 3 部分文件构成：头文件、数据块和测试位置文件。头文件和数据块是历表的主体部分，历表计算结果是否正确，可通过测试位置文件中提供的测试数据进行检验。

表 3 – 4 ~ 表 3 – 7 给出了 DE 历表内部的数据结构。

表 3-3 DE 历表各个版本的基本情况（部分）

历表	发布年	起始儒略日*	终止儒略日*	起始日期	终止日期	数据文件数目	每个数据块时间跨度/d	头文件中常数个数	每个数据块系数个数/个	全部数据块的数目/块	重复数据块的数目/块	有效数据块的数目/块	章动	天平动	TT与TDB之差
DE102	1981	12 096 805	28 178 725	1401-12-05	3002-12-22	15	64	152	773	25 142	14	25 128	否	否	否
DE200	1981	23 054 245	25 133 925	1599-12-09	2169-05-02	29	32	200	826	6 527	28	6 499	是	否	否
DE202	1987	24 149 925	24 698 085	1899-12-04	2050-01-02	4	32	32	826	1 716	3	1 713	是	否	否
DE403	1993	23 054 245	25 244 005	1599-12-09	2199-06-22	6	32	144	1 018	6 848	5	6 843	是	是	否
DE405	1995	23 054 245	25 250 085	1599-12-09	2201-02-20	31	32	156	1 018	6 892	30	6 862	是	是	否
DE405	1997	6 253 605	2 816 8485	3000-02-23	3000-03-03	60	64	156	728	34 301	59	34 242	否	否	否
DE410	2003	24 369 125	24 588 325	1959-12-10	2019-12-25	3	32	185	1 018	687	2	685	是	是	否
DE413	2004	24 149 925	24 698 085	1899-12-04	2050-01-02	6	32	235	1 018	1 718	5	1 713	是	是	否
DE414	2005	23 054 245	25 246 245	1599-12-09	2200-02-01	6	32	259	1 018	6 855	5	6 850	是	是	否
DE418	2007	24 149 925	24 698 085	1899-12-04	2050-01-02	1	32	228	1 018	1 713	0	1 713	是	是	否

续表

历表	发布年	起始儒略日*	终止儒略日*	起始日期	终止日期	数据文件数目	每个数据块时间跨度/d	头文件中常数个数	每个数据块系数个数/个	全部数据块的数目/块	重复数据块的数目/块	有效数据块的数目/块	章动	天平动	TT与TDB之差
DE421	2008	24 149 925	25 246 245	1899 – 12 – 04	2200 – 02 – 01	2	32	228	1 018	3 427	1	3 426	是	是	否
DE422	2009	6 256 485	28 168 165	3000 – 12 – 07	3000 – 01 – 30	60	32	222	1 018	68 533	59	68 474	是	是	否
DE423	2010	23 784 805	25 246 245	1799 – 12 – 16	2200 – 02 – 01	8	32	222	1 018	4 574	7	4 567	是	是	否
DE424	2013	6 252 965	28 168 165	3001 – 12 – 21	3000 – 01 – 30	60	32	222	1 018	68 544	59	68 485	是	是	否
DE430	2014	2 2871 845	26 889 765	1549 – 12 – 21	2650 – 01 – 25	11	32	229	1 018	12 566	10	12 556	是	是	否
DE430t	2014	22 871 845	26 889 765	1549 – 12 – 21	2650 – 01 – 25	11	32	572	982	12 566	10	12 566	否	是	是
DE431	2013	– 31 000 155	80 000 165	13200 – 08 – 15	17191 – 03 – 15	30	32	229	1 018	342 448	29	342 419	是	是	否
DE432	2014	22 871 845	26 889 765	1549 – 12 – 21	2650 – 01 – 25	11	32	228	938	12 566	10	12 566	否	是	否
DE432t	2014	2 287 1845	2 688 9765	1549 – 12 – 21	2650 – 01 – 25	11	32	571	982	12 566	10	12 566	否	是	是
DE440	2021									12 566	10	12 566	否	是	是

注：* 各个版本 DE 历表头文件中给出的历表起始、终止儒略日，起始日期、终止日期，与数据文件中实际的起始、终止日期不相同，本文采用数据文件中的日期。

表 3 - 4   DE 历表数据结构

项目	记录号	8 144 字节		
主记录	1	数据内容 2 865 字节		头文件
第二头记录	2	数据内容 3 200 字节		文件说明
数据记录	3	起始历元 8 字节	结束历元 8 字节	插值系数 8 128 字节
数据记录	4	起始历元 8 字节	结束历元 8 字节	插值系数 8 128 字节
数据记录	…	…	…	…
数据记录	n	起始历元 8 字节	结束历元 8 字节	插值系数 8 128 字节

表 3 - 5   主记录

序号	字节数	声明	描述
1	252	$C*6$ （14, 3）	文件相关说明
2	2 400	$C*6$ （400）	
3	24	$R*8$ （3）	起始历元 结束历元 间隔
4	4	$I*4$	常数个数
5	8	$R*8$	天文单位
6	8	$R*8$	地月质量比
7	144	$I*4$ （3, 12）	数据索引 1 - 水星 2 - 金星 3 - 地月质心 4 - 火星 5 - 木星 6 - 土星 7 - 天王星 8 - 海王星 9 - 冥王星 10 - 月球 （地心坐标） 11 - 太阳 12 - 章动

续表

序号	字节数	声明	描述
8	4	I＊4	版本号
9	12	I＊4（3）	天平动索引
10	5 288		保留

表 3 - 6　第二个头记录

序号	字节数	声明	描述
1	3 200	Double［400］	文件相关说明
2	4 944		保留

表 3 - 7　数据记录

序号	字节数	声明	描述
1	16	Double［2］	起始历元（TBEG） 结束历元（TEND）
2	8 128	Double［1016］	切比雪夫插值系数

数据索引中包括三位：第一位为记录位置；第二位为插值阶数（ncf）；第三位为子区间数（na）。

给定某个儒略日历元，各天体（含章动、天平动）在太阳系质心天球参考系中的位置及速度可根据 DE 历表数据文件中的系数数据经过切比雪夫多项式插值后得到。

JPL 发布的 DE 历表包括格式、二进制格式，并提供了 asc2eph. f 程序用于文本向二进制格式的转换（另外还有 BSP 格式的二进制，可采用 SPICE 工具读取）。行星历表采用等步长的数值系数文件存储，计算具体历元时刻的位置、速度需要采用插值。

切比雪夫多项式及其一阶导数的递推公式如下。

（1）计算位置使用：

$$\begin{cases} T_1(x) = 1 \\ T_2(x) = x \\ T_i(x) = 2xT_{i-1}(x) - T_{i-2}(x), i \geqslant 3 \end{cases} \tag{3.2}$$

（2）计算速度使用：

$$\begin{cases} V_1(x) = 0 \\ V_2(x) = 1 \\ V_i(x) = 2T_{i-1}(x) + 2xV_{i-1}(x) - V_{i-2}(x) \quad i \geqslant 3 \end{cases} \tag{3.3}$$

（3）计算加速度使用：

$$\begin{cases} A_1(x) = 0 \\ A_2(x) = 0 \\ A_i(x) = 4V_{i-1}(x) + 2xA_{i-1}(x) - A_{i-2}(x) \quad i \geqslant 3 \end{cases} \tag{3.4}$$

计算速度、加速度时需要注意将时间单位转化至 s，归一化后的时间单位为 $\dfrac{(\text{tend} - \text{tbeg}) \times 86\,400}{\text{na}}(\text{sec})$。

图 3 - 3 给出了通过程序 DE 历表的数据处理流程，其中 Targ 表示目标天

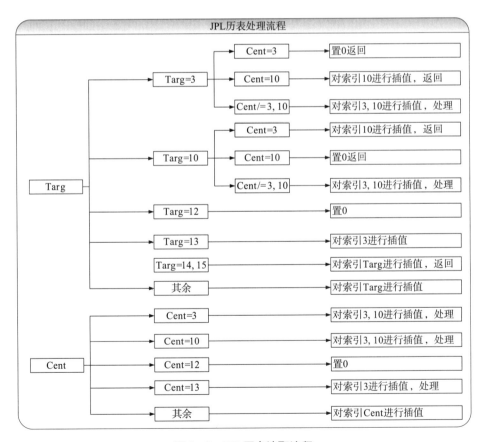

图 3 - 3　DE 历表读取流程

体，Cent 表示中心天体。实际计算处理时，首先计算 Targ 与 Cent 相对于太阳系质心的位置、速度矢量，然后计算位置、速度的矢量差。需要注意的是，地球与月球获取的原始位置、速度矢量是相对地月系质心的，需要单独进行处理。

3.4 小行星历表

小行星历表与大行星历表类似，其目的是提供小行星任意时刻的位置和速度。小行星历表应用价值越发明显，比如 MPC 和 JPL 等机构提供的历表常用于安排小行星观测计划、交叉证认巡天图像数据中的太阳系天体、找回丢失的小行星。随着世界小行星探测逐渐成为热点，旧历表精度并不总能满足高精度深空探测任务设计、近地小行星撞击地球的风险评估、掩星事件的预报与观测等应用的要求，因此常常需要针对探测目标进行加密观测，建立起探测时间段相应的小行星历表。

JPL 线上历书系统（JPL Horizons On – Line Ephemeris System）提供了获得太阳系数据的开放接口，当前包括 381 106 颗小行星、2 435 颗彗星、168 颗行星际探测器，以及主要大天体的历表信息。

Horizons 发布星历的坐标系包括：①地球历元平赤道平春分点参考系，参考历元为 J2000.0 或是 B1950.0；②历元黄道坐标系，参考历元为 J2000.0 或是 B1950.0；③天体历元平赤道参考系。

图 3 – 4 为典型的 Horizons 获取的数据格式，包括目标的基本物理参数、轨道信息、星历使用的参考系，以及历表计算使用的相关力模型参数等。

IMCCE 虚拟天文台太阳系门户也提供了太阳系小天体的历表服务，通过 web 接口提供，发布行星、主要自然卫星、小行星和彗星的历表信息，获取网址为 http：//vo. imcce. fr/webservices/miriade/？ forms，如图 3 – 5 所示。

```
26  ******************************************************************************
27  Ephemeris / WWW_USER Tue Sep 13 08:56:08 2022 Pasadena, USA      / Horizons
28  ******************************************************************************
29  Target body name: (2019 VL5)                         {source: JPL#5}
30  Center body name: Solar System Barycenter (0)         {source: DE441}
31  Center-site name: BODY CENTER
32  ******************************************************************************
33  Start time      : A.D. 2010-Jan-01 00:00:00.0000 TDB
34  Stop  time      : A.D. 2030-Dec-31 00:00:00.0000 TDB
35  Step-size       : 14400 minutes
36  ******************************************************************************
37  Center geodetic : 0.00000000, 0.00000000, 0.0000000  {E-lon(deg),Lat(deg),Alt(km)}
38  Center cylindric: 0.00000000, 0.00000000, 0.0000000  {E-lon(deg),Dxy(km),Dz(km)}
39  Center radii    : (undefined)
40  Small perturbers: Yes                                 {source: SB441-N16}
41  Output units    : KM-S
42  Output type     : GEOMETRIC cartesian states
43  Output format   : 3 (position, velocity, LT, range, range-rate)
44  Reference frame : ICRF
45  ******************************************************************************
46  Initial IAU76/J2000 heliocentric ecliptic osculating elements (au, days, deg.):
47    EPOCH=  2458989.5 ! 2020-May-20.00 (TDB)         Residual RMS= .28174
48    EC= .2792571372871671   QR= .7213533245185536   TP= 2458875.5882892418
49    OM= 285.5634532182945   W= 231.2758296598005     IN= 1.58589512786044
50    Equivalent ICRF heliocentric cartesian coordinates (au, au/d):
51    X= 4.785211757211683E-01  Y=-9.734266936204321E-01  Z=-4.166945582764688E-01
52    VX= 1.434557715614582E-02 VY= 2.386852972190079E-03 VZ= 1.474329021710926E-03
53  Asteroid physical parameters (km, seconds, rotational period in hours):
54    GM= n.a.                RAD= n.a.                ROTPER= n.a.
55    H= 25.82                G= .150                  B-V= n.a.
56                            ALBEDO= n.a.             STYP= n.a.
57  ******************************************************************************
58  JDTDB
59    X     Y     Z
60    VX    VY    VZ
61    LT    RG    RR
62  ******************************************************************************
63  $$SOE
64  2455197.500000000 = A.D. 2010-Jan-01 00:00:00.0000 TDB
65   X=-9.559467125397977E+07 Y= 4.910170446096843E+07 Z= 1.911812408464372E+07
66   VX=-1.838968528624107E+01 VY=-3.183734889889736E+01 VZ=-1.463526629956767E+01
67   LT= 3.641019980737773E+02 RG= 1.091550329652490E+08 RR=-7.797259720132945E-01
```

图 3 - 4　Horizons 历表格式示例

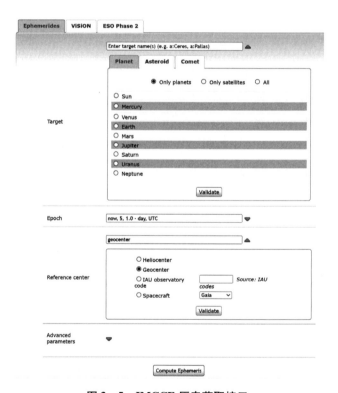

图 3 - 5　IMCCE 历表获取接口

参考文献

［1］ BRETAGNON P, FRANCOU G. Planetary Theories in rectangular and spherical variables. VSOP87 solution ［J］. Astronomy and Astrophysics, 1988, 202: 309 – 315.

［2］ CHARPRONT – TOUZE M, CHAPRONT J. The lunar ephemeris ELP 2000 ［J］. Astronomy and Astrophysics, 1983, 124: 50 – 62.

［3］ HENRARD J. Semi – Analytical lunar ephemeris – the main problem ［J］. Symposium – International Astronomical Union, 1979, 81: 73 – 75.

［4］ STANDISH E M. The observational basis for JPL's DE 200, the planetary ephemerides of the Astronomical Almanac ［J］. Astronomy and Astrophysics, 1990, 233 (1): 252 – 271.

［5］ STANDISH E M. Orientation of the JPL ephemerides, DE 200/LE 200, to the dynamical equinox of J 2000 ［J］. Astronomy and Astrophysics, 1982, 114 (2): 297 – 302.

［6］ STANDISH E M. Report of the IAU WGAS Sub – group on Numerical Standards ［J］. Highlights of Astronomy, 1995, 10: 180 – 184.

［7］ KRASINSKY G A, PITJEVA E V, SVESHNIKOV M L, et al. The motion of major planets from observations 1769 – 1988 and some astronomical constants ［J］. Celestial Mechanics and Dynamical Astronomy, 1993, 55 (1): 1 – 23.

［8］ PITJEVA E V. Modern numerical ephemerides of planets and the importance of ranging observations for their creation ［J］. Celestial Mechanics and Dynamical Astronomy, 2001, 80 (3): 249 – 271.

［9］ PITJEVA E V. High – Precision ephemerides of planets—EPM and determination of some astronomical constants ［J］. Solar System Research, 2005, 39 (3): 176 – 186.

［10］ FIENGA A, MANCHE H, LASKAR J, et al. INPOP06: a new numerical planetary ephemeris ［J］. Astronomy and Astrophysics, 2008, 477: 315 – 327.

[11] FIENGA A, LASKAR J, TREVOR M, et al. INPOP08, a 4 – D planetary ephemeris: from asteroid and time – scale computations to ESA Mars Express and Venus Express contributions [J]. Astronomy and Astrophysics, 2009, 507: 1675 – 1686.

[12] FIENGA A, LASKAR J, KUCHYNKA P, et al. The INPOP10a planetary e-phemeris and its applications in fundamental physics [J]. Celestial Mechanics and Dynamical Astronomy, 2011, 111 (3): 363.

[13] VALLISNERI M, TAYLOR S, SIMON J, et al. Modeling the uncertainties of solar system ephemerides for robust Gravitational – wave searches with Pulsar – timing arrays [J]. The Astrophysical Journal, 2020, 893 (2): 112.

[14] FIENGA A, DERAM P, VISWANATHAN V, et al. INPOP19a planetary ephemerides [D]. IMCCE, 2019.

第 4 章
动力学模型及其偏导数

　　探测器在飞行过程中会受到各种各样的力，受到的作用力可以分为两大类：一类是保守力；另一类是耗散力。保守力包括太阳、月球，以及大行星的质点引力等，而耗散力则包括大气阻力、太阳辐射压，以及探测器的姿轨控、卸载作用力等。对于环绕型探测器，其运动通常处理为受摄运动二体问题；在行星际巡航飞行阶段，虽然仍可将探测器轨道运动考虑为以太阳为中心天体受摄运动二体问题，但是其余天体及摄动源所产生的作用力相对于太阳作用力的摄动量级会较环绕阶段大许多。本章主要介绍作用在探测器上的各种力及其产生的加速度表达式。

　　航天器的运动微分方程采用普适形式，对应一般限制性体问题模型，运动方差可以表示为常微初值问题：

$$
\begin{cases}
\ddot{\vec{r}} = \vec{F}_0 + \sum_{i=2}^{n} \vec{F}_i \\
\vec{F}_0 = -\dfrac{\mu}{r^3}\vec{r} \\
t_0 : \vec{r}(t_0) = \vec{r}_0, \dot{\vec{r}}(t_0) = \dot{\vec{r}}_0
\end{cases}
$$

其中，$\vec{r}, \dot{\vec{r}}$ 即航天器在所选定坐标系中的位置矢量和速度矢量；$\vec{F}_0$ 和 $\vec{F}_i$ 就是所有外力作用产生的加速度，其中 $\vec{F}_0$ 是中心引力加速度；$\mu = G(M + m) \approx GM$ 是被选定的中心天体的引力常数，坐标系的原点即在此中心天体的质心，本章主要对 $\vec{F}_0$ 和 $\vec{F}_i$ 展开描述。

■ 4.1 动力学模型介绍

探测器动力学模型一般建立在对应中心天体天球参考系（采用习用说法，后面称为惯性系）下，根据探测器受力的类型可以分为保守力和非保守力。

$$a(r, \dot{r}, p, t) = \ddot{r}_0 + R\nabla U + \ddot{r}_D + \ddot{r}_L + \ddot{r}_R + \ddot{r}_o + \ddot{r}_S + \ddot{r}_A + \alpha_E \qquad (4.1)$$

式（4.1）涉及的参数含义：在 t 时刻，r 为探测器的位置向量，$\dot{r}$ 为探测器的速度向量，p 与力模型相关待解算的参数。R 为固联系到惯性系的转换矩阵，由于非球形引力（∇U）是在固联系下计算的。

式（4.1）中，前 6 项是保守力项，后 3 项是非保守力项。$\ddot{r}_D$ 表示 N 体摄动加速度，主要来自除中心天体之外的太阳和行星的引力作用，一般采用点质量计算方法。$\ddot{r}_L$ 表示潮汐力，由于中心天体被太阳和其他临近行星的引力摄动影响，发生弹性形变而导致引力场产生一个附加位。考虑广义相对论效应，大质量物体对周围空间的弯曲效应而产生加速度 $\ddot{r}_R$。对于月球探测器，保守力方面有必要考虑地球扁率间接摄动项和月球扁率摄动项，这一项主要是由于地球扁率对月球具有摄动效应 $\ddot{r}_o$，进而间接影响探测器及月球扁率对探测器产生直接的摄动影响，此摄动和广义相对论摄动是月球探测器摄动力中最小的两个。探测器暴露于太阳辐射，会受到太阳辐射力。若探测器在距太阳约 1 AU 处且具有较大面积时，摄动力量级则更大，简易模型太阳光压摄动加速度 $\ddot{r}_S$。除直接太阳辐射力外，太阳照射到天体再反射照到探测器上也会产生一个微小的摄动力，通常低轨探测器需要考虑这一项，称为反照辐射压力 $\ddot{r}_A$。为吸收未建模或者建模不绝对精确的非保守力，如热辐射力、推进泄漏和动量轮卸载等，可添加经验力加速度 α_E，一般作为待估参数。后续将进行详细的推导和介绍。

■ 4.2 中心天体引力加速度

对于环绕型探测器，探测器受到的主要作用力来自中心天体，将探测器与中心天体看作质点，根据牛顿经典力学引力理论，探测器所受中心天体的引力加速度为

$$\ddot{\vec{r}}_{E} \cdot \vec{r}_{0} = - \frac{G(M + m)}{|\vec{r}^{3}|}\vec{r} \tag{4.2}$$

式中，G 为引力常数；M 为中心天体质量；m 为探测器质量；$\vec{r}$ 为探测器相对于中心天体的位置矢量。

中心天体加速度对探测器位置、速度的偏导数为

$$\frac{\partial \ddot{\vec{r}}_{E} \cdot \vec{r}_{0}}{\partial \vec{r}} = - G(M + m)\frac{\partial}{\partial \vec{r}}\left(\frac{\vec{r}}{|\vec{r}^{3}|}\right) \tag{4.3}$$

$$\frac{\partial \ddot{\vec{r}}_{E} \cdot \vec{r}_{0}}{\partial \dot{\vec{r}}} = 0 \tag{4.4}$$

式中，

$$\frac{\partial}{\partial \vec{r}}\left(\frac{\vec{r}}{|\vec{r}^{3}|}\right) = \frac{1}{|\vec{r}^{3}|}\left(\boldsymbol{I}_{3\times 3} - \frac{3}{r^{2}}\begin{bmatrix} x^{2} & xy & xz \\ xy & y^{2} & yz \\ xz & yz & z^{2} \end{bmatrix}\right) \tag{4.5}$$

加速度对 GM 的偏导数为

$$\frac{\partial \ddot{\vec{r}}_{E} \cdot \vec{r}_{0}}{\partial (GM)} = - \frac{\vec{r}}{|\vec{r}^{3}|} \tag{4.6}$$

■ 4.3　非球形引力加速度

自然天体的形状往往不是正球形，且质量分布也不均匀，其对探测器产生的引力加速度不能简单地作为质点引力来考虑。如图 4-1 所示，为了表征中心天体形状与质量分布的不均匀，引入位函数 U，探测器所在位置的位函数可写为

$$U_{0} = Gm'\iiint \frac{\rho(s)}{|\vec{R} - \vec{s}|}\mathrm{d}X\mathrm{d}Y\mathrm{d}Z \tag{4.7}$$

式中，m' 表示探测器质量；$\rho(s)$ 表示中心天体内部的质量密度分布；$|\vec{R} - \vec{s}|$ 表示探测器与中心天体内部任意点 s 的距离；X, Y, Z 分别表示天体内部任意点的位置分量；$\vec{s}$ 为点 s 的位置矢量。

位函数的梯度可描述中心天体对探测器的引力加速度，即

$$\ddot{\vec{r}} = \nabla U \tag{4.8}$$

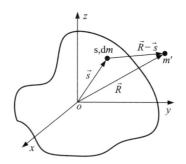

图 4 - 1　任意质量分布的中心天体的引力势示意图

式中，$\nabla = \dfrac{\partial}{\partial x}\hat{e}_x + \dfrac{\partial}{\partial y}\hat{e}_y + \dfrac{\partial}{\partial z}\hat{e}_z$。

略去推导过程，由式（4.7）可计算利用球谐系数给出中心天体非球形引力作用在探测器上的位函数为

$$U = \frac{GM}{r}\sum_{n=1}^{\infty}\sum_{m=0}^{n}\left(\frac{R}{r}\right)^n \bar{P}_{nm}(\sin\varphi)\left[\bar{C}_{nm}\cos(m\lambda) + \bar{S}_{nm}\sin(m\lambda)\right] \quad (4.9)$$

其中，$\bar{C}_{nm}$、$\bar{S}_{nm}$ 为归一化非球形重力场谐系数，表征中心天体内部质量的分布，可以从重力场文件中获取；$\bar{P}_{nm}$ 为缔合勒让德多项式；φ 为探测器纬度；λ 为探测器经度；R 为中心天体参考椭球的平均赤道半径。对应的 $\bar{C}_{nm}$ 和 $\bar{S}_{nm}$ 为正规化球谐系数，可以表示为

$$\begin{cases} \bar{C}_{nm} = N_n^m C_{nm} \\[2mm] \bar{S}_{nm} = N_n^m S_{nm} \end{cases} \quad (4.10)$$

其中，

$$\begin{cases} C_{nm} = \iiint \left(\frac{r}{R}\right)^n P_{nm}(\cos\varphi_y)\cos m\lambda\, \rho(r,\varphi,\lambda)\mathrm{d}V \\[2mm] S_{nm} = \iiint \left(\frac{r}{R}\right)^n P_{nm}(\cos\varphi_y)\sin m\lambda\, \rho(r,\varphi,\lambda)\mathrm{d}V \\[2mm] N_n^m = \sqrt{\dfrac{(n+m)!}{(2-\delta_{0m})(2n+1)(n-m)!}}\dfrac{2-\delta_{0m}}{M}\dfrac{(n-m)!}{(n+m)!} \\[2mm] P_{nm}(\cos\varphi_y) = \dfrac{(1-\cos\varphi_y^2)^{\frac{5}{2}}}{2^n n!}\dfrac{d^{n+m}}{\partial(\cos\varphi_y)^{n+m}}(\cos\varphi_y^2 - 1)^n \end{cases} \quad (4.11)$$

式中，δ_{0m} 为克罗内克函数，若 $m = 0$，则其输出值为 1，否则其输出值为 0；ρ 为

密度函数。当 $n = 0$ 时，代表中心引力项；当 $n = 1$ 时，称为非球形引力。为了便于缔合勒让德函数计算，进行正规化，正规化的缔合勒让德函数递推方法很多，本文采用跨阶次递推法，其可计算的阶数和效率较高，令 $x = \cos\varphi_y$，有关 $\bar{p}_{nm}$ 的递推公式总结如下：

$$
\begin{cases}
\bar{P}_{nm}(x) = \sqrt{\dfrac{(n-m)!(2n+1)(2-\delta_{0m})}{(n+m)!}} P_{nm}(x) = \sqrt{\dfrac{(2n+1)(2n-1)}{(n+m)(n-m)}} x \bar{P}_{(n-1)m} - \\[3mm]
\qquad \sqrt{\dfrac{(2n+1)(n-1+m)(n-1-m)}{(2n-3)(n+m)(n-m)}} \bar{P}_{(n-2)m} \ (n \geqslant 2; 0 \leqslant m < n-1) \\[3mm]
\bar{P}_{nn}(x) = \sqrt{\dfrac{2n+1}{2n}} \sqrt{1-x^2} \, \bar{P}_{(n-1)(n-1)}(x) \ (n \geqslant 2) \\[3mm]
P_{00}(x) = 1, P_{10}(x) = \sqrt{3}x, P_{11}(x) = \sqrt{3}\sqrt{1-x^2}
\end{cases}
\tag{4.12}
$$

在天体固联坐标系下，探测器受非球形引力摄动的加速度 $\ddot{\vec{r}}_{\mathrm{E}} \cdot \vec{r}_{bf}$ 为

$$
\ddot{\vec{r}}_{\mathrm{E}} \cdot \vec{r}_{bf} = \frac{\partial U}{\partial \vec{r}} = (\mathrm{STC}) \begin{bmatrix} \dfrac{\partial U}{\partial r} \\[3mm] \dfrac{\partial U}{\partial \varphi} \\[3mm] \dfrac{\partial U}{\partial \lambda} \end{bmatrix}
\tag{4.13}
$$

式中，

$$
\mathrm{STC} = \frac{\partial(r, \varphi, \lambda)}{\partial(x, y, z)}
\tag{4.14}
$$

探测器在天体固联坐标系下的分量可以由球坐标分量表示为

$$
\begin{cases}
x = r\cos(\varphi)\cos(\lambda) \\
y = r\cos(\varphi)\sin(\lambda) \\
z = r\sin(\varphi)
\end{cases}
\tag{4.15}
$$

式中，r, λ, ϕ 分别为探测器在固联坐标系下的球坐标分量；r 为探测器地心距；λ 为固联坐标系经度；φ 为固联坐标系纬度。

探测器经纬度分量可以由固联笛卡尔坐标系下的分量表示为

$$
\begin{cases}
\sin(\varphi) = \dfrac{z}{r}, \cos(\varphi) = \dfrac{\sqrt{x^2 + y^2}}{r} \\[3mm]
\sin(\lambda) = \dfrac{y}{\sqrt{x^2 + y^2}}, \cos(\lambda) = \dfrac{x}{\sqrt{x^2 + y^2}}
\end{cases}
\tag{4.16}
$$

球坐标系分量对固联坐标系分量的偏导数的表达式为

$$
STC = \begin{bmatrix}
\cos(\varphi)\cos(\lambda) & -\dfrac{1}{r}\sin(\varphi)\cos(\lambda) & -\dfrac{\sin(\lambda)}{\sqrt{x^2 + y^2}} \\[4mm]
\cos(\varphi)\sin(\lambda) & \dfrac{1}{r}\sin(\varphi)\sin(\lambda) & \dfrac{\cos(\lambda)}{\sqrt{x^2 + y^2}} \\[4mm]
\sin(\varphi) & \dfrac{1}{r}\cos(\varphi) & 0
\end{bmatrix}
\tag{4.17}
$$

由式（4.9），位函数对球坐标分量的偏导数可以写为

$$
\begin{cases}
\dfrac{\partial U}{\partial r} = -\dfrac{\mu}{r^2}\Bigg[\displaystyle\sum_{n=2}^{\infty}(n+1)\,\overline{c}_{n,0}\left(\dfrac{R}{r}\right)^n \overline{P}_n(\sin\varphi) + \sum_{n=2}^{\infty}\sum_{m=1}^{n}(n+1) \\
\quad \overline{P}_{nm}(\sin\varphi)T_{nm} \Bigg] \\[4mm]
\dfrac{\partial U}{\partial \varphi} = \dfrac{\mu}{r}\Bigg[\displaystyle\sum_{n=2}^{\infty}\overline{c}_{n,0}\left(\dfrac{R}{r}\right)^n \dfrac{\partial \overline{P}_n(\sin\varphi)}{\partial \varphi} + \sum_{n=2}^{\infty}\sum_{m=1}^{n}\dfrac{\partial \overline{P}_{nm}(\sin\varphi)}{\partial \varphi}T_{nm} \Bigg] \\[4mm]
\dfrac{\partial U}{\partial \lambda} = \dfrac{\mu}{r}\displaystyle\sum_{n=2}^{\infty}\sum_{m=1}^{n}\overline{P}_{nm}(\sin\varphi)\dfrac{\partial T_{nm}}{\partial \lambda}
\end{cases}
$$
$$\tag{4.18}$$

式中，

$$
\begin{cases}
T_{nm} = \left(\dfrac{R}{r}\right)^n \left[\overline{C}_{nm}\cos(m\lambda) + \overline{S}_{nm}\sin(m\lambda) \right] \\[4mm]
\dfrac{\partial T_{nm}}{\partial \lambda} = m\left(\dfrac{R}{r}\right)^n \left[\overline{S}_{nm}\cos(m\lambda) - \overline{C}_{nm}\sin(m\lambda) \right]
\end{cases}
\tag{4.19}
$$

勒让德多项式的偏导数计算公式为

$$
\begin{cases}
\dfrac{\partial \bar{P}_{-1}(\sin\varphi)}{\partial \varphi} = 0 \\[2mm]
\dfrac{\partial \bar{P}_{0}(\sin\varphi)}{\partial \varphi} = 0 \\[2mm]
\dfrac{\partial \bar{P}_{n}(\sin\varphi)}{\partial \varphi} = \dfrac{\sqrt{4n^2-1}}{n}\sin\varphi \dfrac{\partial \bar{P}_{n-1}(\sin\varphi)}{\partial \varphi} - \dfrac{n-1}{n}\sqrt{\dfrac{2n+1}{2n-3}}\dfrac{\partial \bar{P}_{n-2}(\sin\varphi)}{\partial \varphi} + \\[2mm]
\qquad\qquad\qquad \dfrac{\sqrt{4n^2-1}}{n}\cos\varphi\,\bar{P}_{n-1}(\sin\varphi)
\end{cases}
$$

$$(4.20)$$

引力场模型中扇谐项和田谐项缔合勒让德多项式偏导数的递推公式为

$$
\begin{cases}
\dfrac{\partial \bar{P}_{1,1}(\sin\varphi)}{\partial \varphi} = -\sqrt{3}\sin\varphi \\[2mm]
\dfrac{\partial \bar{P}_{n,n}(\sin\varphi)}{\partial \varphi} = -n\sqrt{\dfrac{2n+1}{2n}}\sin\varphi\,\bar{P}_{n-1,n-1}(\sin\varphi) \\[2mm]
\dfrac{\partial \bar{P}_{n+1,n}(\sin\varphi)}{\partial \varphi} = \sqrt{2n+3}\Big[\sin\varphi\dfrac{\partial \bar{P}_{1,1}(\sin\varphi)}{\partial \varphi} + \cos\varphi\,\bar{P}_{n,n}(\sin\varphi)\Big] \\[2mm]
\dfrac{\partial \bar{P}_{n,m}(\sin\varphi)}{\partial \varphi} = \sqrt{\dfrac{4n^2-1}{n^2-m^2}}\Big[\sin\varphi\dfrac{\partial \bar{P}_{n-1,m}(\sin\varphi)}{\partial \varphi} + \cos\varphi\,\bar{P}_{n-1,m}(\sin\varphi)\Big] - \\[2mm]
\qquad\qquad\qquad \sqrt{\dfrac{(2n+1)\big[(n-1)^2-m^2\big]}{(2n-3)n^2-m^2}}\dfrac{\partial \bar{P}_{n-2,m}(\sin\varphi)}{\partial \varphi}
\end{cases}
$$

$$(4.21)$$

最后，将星体固联坐标系中的加速度转换至天球参考系中的非球形引力加速度

$$
\overset{..}{\vec{r}}_{E} \cdot \vec{r}_{\mathrm{nsp}} = (\boldsymbol{HG})^{\mathrm{T}} \overset{..}{\vec{r}}_{E} \cdot \vec{r}_{\mathrm{bf}}
\tag{4.22}
$$

式中，$\boldsymbol{HG}$ 表示天球参考系至星体固联坐标系的坐标转换矩阵。

中心天体非球形引力位加速度只与探测器在星体固联坐标系中的位置有关，其对位置的偏导数可写为

$$\frac{\partial \ddot{\vec{r}}_E \cdot \vec{r}_{bf}}{\partial \vec{r}_{bf}} = \frac{\partial}{\partial \vec{r}_{bf}} (\nabla U) = \begin{bmatrix} \dfrac{\partial^2 U}{\partial x^2} & \dfrac{\partial^2 U}{\partial x \partial y} & \dfrac{\partial^2 U}{\partial x \partial z} \\[3mm] \dfrac{\partial^2 U}{\partial y \partial x} & \dfrac{\partial^2 U}{\partial y^2} & \dfrac{\partial^2 U}{\partial y \partial z} \\[3mm] \dfrac{\partial^2 U}{\partial z \partial x} & \dfrac{\partial^2 U}{\partial z \partial y} & \dfrac{\partial^2 U}{\partial z^2} \end{bmatrix} \tag{4.23}$$

式中，x,y,z 分别表示探测器在星体固联坐标系下的位置分量。

前面计算的加速度偏导数是在天体固联坐标系中，需转换至天球参考系中，因而最终非球形引力加速度对探测器位置偏导数为

$$\frac{\partial \ddot{\vec{r}}_E \cdot \vec{r}_{nsp}}{\partial \vec{r}} = (HG)^T \frac{\partial \ddot{\vec{r}}_E \cdot \vec{r}_{bf}}{\partial \vec{r}_{bf}} \frac{\partial \vec{r}_{bf}}{\partial \vec{r}} = (HG)^T \frac{\partial \ddot{\vec{r}}_E \cdot \vec{r}_{bf}}{\partial \vec{r}_{bf}} (HG) \tag{4.24}$$

加速度对速度偏导数为

$$\frac{\partial \ddot{\vec{r}}_E \cdot \vec{r}_{nsp}}{\partial \vec{r}} = 0 \tag{4.25}$$

■ 4.4 潮汐摄动

自然天体并非严格的刚体，由于其自转与第三体的影响会引起潮汐形变，天体的质量分布也会发生变化，该变化是时间的函数。这种形变引起的摄动变化可以通过对中心天体重力场模型的球谐系数进行修正，在非球形引力摄动计算中一并给出。

根据"流体静力平衡"理论，当地球外部存在引潮力时，地球将发生形变，这种形变使地球内部质点在地球重力、地球弹性力、粘滞力和引潮力的作用下处于平衡状态，称为平衡潮。假定这种形变使地球内部质点原来所在的等势面形变成为另一个等势面，而且等势面、等密度面与等压力面重合。这是一种假想的理想状态，与真实的地球形变还有一定差异，英国地球物理学家 A. E. LOVE 于 1909 年提出了勒夫数（LOVE）数，以表征平衡潮与真实地球潮汐形变之间的比例系数。

勒夫数包括以下几类：①h，地面点固体潮潮高与对应的平衡潮潮高之比；②k，地面点固体潮形变附加位与引潮位之比；③l，地面点固体潮水平位移与对

应的平衡潮水平位移之比。其中，勒夫数 l 是由日本的志田（Shida）于 1912 年提出的，也称为 Shida 数。

以地球为例，下面给出固体潮与海潮的摄动修正公式。

1. 固体潮

地球固体潮模型以 Wahr（1980）模型为基础，固体潮引起 $\bar{C}_{nm}$，$\bar{S}_{nm}$ 的变化。Wahr 模型对不同的分潮波有不同的勒夫数，即勒夫数与分潮波的频率相关。固体潮摄动在计算中分两步完成。

第一步，使用与频率无关的勒夫数计算月球和太阳的引潮位。固体潮对引力场球谐系数二阶项的归一化的修正公式为：

$$\Delta \bar{C}_{nm} - i\Delta \bar{S}_{nm} = \frac{k_{nm}}{2n+1} \sum_{j=2}^{3} \frac{GM_j}{GM_e} \left(\frac{R_e}{r_j} \right)^{n+1} \bar{P}_{nm}(\sin\Phi_j) \, e^{-im\lambda_j} \qquad (4.26)$$

其中，k_{nm} 表示 n 阶 m 次的 k 勒夫数；R_e 表示地球赤道半径；GM_e 表示地球引力常数；GM_j 表示太阳（$j=3$）与月球（$j=2$）的引力常数；r_j 表示太阳与月球的地心距；Φ_j 表示太阳与月球的纬度；λ_j 表示太阳与月球的经度；$\bar{P}_{nm}$ 表示归一化缔合勒让德多项式。

第二步，进行勒夫数频率相关修正，计算球谐系数的频率变化关系为

$$\Delta \bar{C}_{20} = \sum_{f(2,0)} \left[(A_0 H_f \delta k_f^R) \cos\theta_f - (A_0 H_f \delta k_f^I) \sin\theta_f \right] \qquad (4.27)$$

$$\Delta \bar{C}_{2m} - i\Delta \bar{S}_{2m} = \eta_m \sum_{f(2,m)} (A_m \delta k_f H_f) \, e^{i\theta_f}(m = 1,2) \qquad (4.28)$$

式中，$\theta_f = m(\theta_g + \pi)$，$\theta_g$ 为格林尼治平恒星时，$(A_0 H_f \delta k_f^R)$ 和 $(A_0 H_f \delta k_f^I)$ 可从 IERS 2010 表 6 - 5b 中获取，$(A_m \delta k_f H_f)$ 可从 IERS 2010 表 6 - 5a、表 6 - 5c 中获取。

2. 海潮

与固体潮相似，海潮的动力学影响也可通过对球谐系数的修正来描述，其中二阶球谐系数的归一化的修正公式为

$$\left[\Delta \bar{C}_{nm} - i\Delta \bar{S}_{nm} \right](t) = \sum_{f} \sum_{+}^{-} (C_{f,nm}^{\pm} \mp iS_{f,nm}^{\pm}) \, e^{\pm i\theta_f(t)} \qquad (4.29)$$

海潮模型 FES 2004 包括了长期潮波、周日波、半周日波等。利用式（4.29）与 FES 2004 进行海潮模型修正，相关系数可从网站[①]获取。

---

① ftp://tai.bipm.org/iers/conv2010/chapter6/tidemodels/.

■ 4.5　第三体引力

除中心天体外，影响航天器运动的其他天体称为第三体，其作为质点产生的引力加速度称为第三体引力加速度。中心天体、航天器与第三体的相对位置如图 4 - 2 所示，据此，在中心天体坐标系中，第三体作用于航天器的引力加速度 $\vec{F}_2$ 为

$$\vec{F}_2(m') = - Gm'\left(\frac{\vec{\Delta}}{\Delta^3} + \frac{\vec{r}'}{r'^3}\right) \tag{4.30}$$

式中，m' 为第三体质量；$\vec{r}'$ 为第三体相对中心天体的位置矢量；$\vec{\Delta}$ 为航天器相对第三体的位置矢量，即 $\vec{\Delta} = \vec{r} - \vec{r}'$。

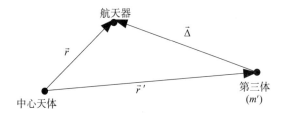

图 4 - 2　航天器与第三体的相对位置

第三体引力加速度对位置、速度矢量的偏导数为

$$\frac{\partial \vec{F}_2}{\partial \vec{r}} = \frac{Gm'}{\Delta^3}\begin{bmatrix} \dfrac{3\Delta_x^2}{\Delta^2} - 1 & \dfrac{3\Delta_x\Delta_y}{\Delta^2} & \dfrac{3\Delta_x\Delta_z}{\Delta^2} \\[3mm] \dfrac{3\Delta_x\Delta_y}{\Delta^2} & \dfrac{3\Delta_y^2}{\Delta^2} - 1 & \dfrac{3\Delta_y\Delta_z}{\Delta^2} \\[3mm] \dfrac{3\Delta_x\Delta_z}{\Delta^2} & \dfrac{3\Delta_y\Delta_z}{\Delta^2} & \dfrac{3\Delta_z^2}{\Delta^2} - 1 \end{bmatrix} \tag{4.31}$$

$$\frac{\partial \vec{F}_2}{\partial \dot{\vec{r}}} = 0 \tag{4.32}$$

式中，Δ_x，Δ_y，Δ_z 为 $\vec{\Delta}$ 的分量，$\Delta = (\vec{\Delta} \cdot \vec{\Delta})^{1/2}$。

第三体引力加速度对第三体引力常数的偏导数为

$$\frac{\partial \vec{F}_2}{\partial (Gm')} = -\left(\frac{\vec{\Delta}}{\Delta^3} + \frac{\vec{r}'}{r'^3}\right) \tag{4.33}$$

4.6 太阳辐射压

太阳辐射压是指太阳所产生的电磁辐射与探测器表面的相互作用产生的摄动力，也称为太阳光压。太阳辐射压属于一种表面力，它与探测器的几何构型、表面材料光学属性等密切相关。太阳辐射压 P 的大小还与太阳辐射通量 Φ 相关，通常以日地平均距离处光压强度作为基准 P_0，取值为 $P_0 = 4.560\,5 \times 10^{-6}\dfrac{N}{m^2}$。

4.6.1 加速度计算

取探测器上一个"无限小"的面元 ds 作为平面考虑，太阳辐射产生的反射作用分为光压力与反射导致的作用力（图 4－3），设镜面反射系数为 ε，A 为面元的有效面积，θ 为入射角。

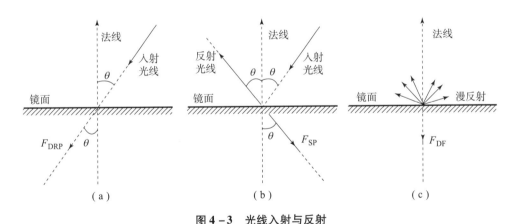

图 4－3 光线入射与反射

（a）吸收光线；（b）镜面反射光线；（c）漫反射光线

当入射光线被面元 ds 完全吸收时，太阳辐射所产生的作用力为

$$\vec{F}_{DRP} = -P_0 A\cos\theta\,\hat{e}_{sun} \tag{4.34}$$

其中，$\hat{e}_{sun}$ 为太阳方向矢量。

如果面元产生镜面反射，则镜面反射所产生的作用力

$$|\vec{F}_{SP}| = P_0 A \varepsilon \cos\theta \qquad (4.35)$$

$\vec{F}_{SP}$ 符合反射规律。

忽略光线的漫反射，面元受到的总的太阳辐射压为

$$\vec{F} = \vec{F}_{DRP} + \vec{F}_{SP}$$

$$= - P_0 A \cos\theta \left[(1 - \varepsilon)\vec{e}_{sun} + 2\varepsilon\cos\theta\vec{n} \right] \qquad (4.36)$$

上式给出了在距离太阳 1AU 处的太阳辐射压，探测器与太阳的距离是随时间变化的，因此需要根据探测器的实际位置计算辐射压。太阳辐射通量与距离平方成反比，太阳辐射压对探测器产生的加速度为

$$\ddot{\vec{r}} = - P_0 \frac{1A U^2}{|\vec{r}_{sun} - \vec{r}|^2} \frac{A}{m} \cos\theta \left[(1 - \varepsilon)\vec{e}_{sun} + 2\varepsilon\cos\theta\vec{n} \right] \qquad (4.37)$$

式中，m 为探测器质量；$\vec{n}$ 为面元的法向矢量；$\vec{r}_{sun}$ 为太阳的位置矢量。

太阳辐射压与探测器表面材料的属性相关，因而通常采用光压系数 C_R 进行描述：

$$C_R = 1 + \varepsilon \qquad (4.38)$$

探测器受到的太阳辐射压除与太阳辐射通量、探测器位置及探测器表面材料属性相关外，探测器的几何构型、姿态密切相关，因而要严格计算太阳辐射压非常困难，在精度要求不高的前提下，通常可以采用简化的固定面值比进行近似计算：

$$\ddot{\vec{r}} = - P_0 \frac{1A U^2}{|\vec{r}_{sun} - \vec{r}|^3} \frac{C_R A}{m} (\vec{r}_{sun} - \vec{r}) \qquad (4.39)$$

4.6.2 阴影遮挡

探测器只有在光照环境下才会有太阳光子与探测器的表面相互作用，产生辐射压，因而当探测器不在光照环境下时，就不会受到光压作用。就光压作用机制而言，相应的摄动加速度是连续的，只是在卫星进、出地影时刻变化特别大，由一有限值很快变为零值（进地影）或由零值很快变为一有限值（出地影）。这对数值求解而言，实为一"间断"问题，即使对地影不采用简单的圆柱模型也如此。这一"间断"问题如处理不当，将明显地影响数值解的精度。这里以地球

探测器为例，采用柱形地影模型进行地球阴影遮挡的判断，取地球赤道半径为圆柱半径（图 4 - 4）。

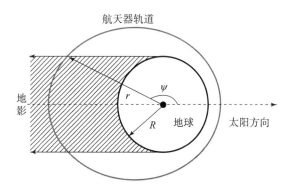

图 4 - 4　探测器进出地影平面图

利用柱形模型判别探测器是否进入地影较为简单，当探测器与太阳的位置关系同时满足下列条件时，探测器在地影内，否则在地影外。

$$\begin{cases} \cos\psi = \dfrac{\vec{r}_{sun} \cdot \vec{r}}{|\vec{r}_{sun} \cdot \vec{r}|} < 0 \\[3mm] \sin\psi < \dfrac{r}{R_e} \end{cases} \tag{4.40}$$

式中，ψ 是探测器位置矢量与太阳方向矢量之间的夹角。

蚀因子 ν 可以表示为

$$\begin{cases} \nu = 1, & \text{阴影外} \\ \nu = 0, & \text{阴影内} \end{cases} \tag{4.41}$$

因此，完整的光压摄动加速度表达式可表示为

$$\ddot{\vec{r}}_{E} \cdot \vec{r}_{srp} = -\nu P_0 \frac{1A\,U^2}{|\vec{r}_{sun} - \vec{r}|^3} \frac{C_R A_e}{m}(\vec{r}_{sun} - \vec{r}) \tag{4.42}$$

4.6.3　偏导数计算

太阳辐射摄动加速度对探测器位置偏导数为

$$\frac{\partial \ddot{\vec{r}}}{\partial \vec{r}} = -\nu P_0 \frac{1A\,U^2}{|\vec{r}_{sun} - \vec{r}|^3} \frac{C_R A_e}{m}\left(\boldsymbol{I}_{3\times3} - 3\frac{(\vec{r}_{sun} - \vec{r}) \cdot (\vec{r}_{sun} - \vec{r})^{\mathrm{T}}}{|\vec{r}_{sun} - \vec{r}|^2}\right) \tag{4.43}$$

其中，$\boldsymbol{I}_{3\times3}$ 表示单位对角阵，$(\vec{r}_{sun} - \vec{r}) \cdot (\vec{r}_{sun} - \vec{r})^{\mathrm{T}}$ 为 3×3 的矩阵。

对探测器速度偏导数为

$$\frac{\partial \ddot{\vec{r}}_E \cdot \vec{r}_{srp}}{\partial \vec{r}} = \begin{bmatrix} 0 & 0 & 0 \end{bmatrix}^T \tag{4.44}$$

由于太阳辐射摄动与探测器表面材料的光学属性密切相关，而表面材料随着工作时间的增加会发生老化现象，光学属性也随之改变。因此在定轨计算中，通常将光压系数作为待估参数。摄动加速度对动力学参数 C_R 的偏导数为

$$\frac{\partial \ddot{\vec{r}}_E \cdot \vec{r}_{srp}}{\partial C_R} = \nu P_0 \frac{1\,A\,U^2}{|\vec{r}_{sun} - \vec{r}|^3} \frac{A_e}{m} (\vec{r}_{sun} - \vec{r}) \tag{4.45}$$

■ 4.7　大气阻力

太阳系中各大行星的表面都有大气层，对环绕型的低轨探测器存在大气阻力作用，而且是影响轨道计算精度的一个重要摄动源。

4.7.1　摄动加速度

对于低轨地球探测器而言，大气阻力摄动是典型的非保守力。探测器在大气层中的受力状况相当复杂，涉及低层的连续介质流、高层的自由分子流和介于其中的过渡流，还涉及中性气体、电离气体和混合气体等的复杂因素。对于高速高空气体动力学，一般采用钱学森先生提出的按鲁森（Knudsen）数 K_n 来划分气体状态，其定义为

$$K_n = \frac{\lambda}{L} \tag{4.46}$$

式中，λ 是气体分子运动的平均自由程；L 是飞行器的特征尺度。

$$\begin{cases} K_n < 0.01, & 连续介质流 \\ K_n = 0.01 \sim 0.01, & 滑流区 \\ K_n = 0.1 - 1, & 过渡区 \\ K_n > 10, & 自由分子流 \end{cases} \tag{4.47}$$

在距离地面180 km高度分子运动的平均自由程约100 m。探测器的特征尺度通常为几米或数十米，因此，180 km 高度以上的大气可以认为是自由分子流。

略去推导过程，直接给出探测器阻力摄动加速度的计算公式，即

$$\ddot{\vec{r}}_E \cdot \vec{r}_{\text{drag}} = -\frac{1}{2}\frac{C_D A}{m}\rho v_a \vec{v}_a \tag{4.48}$$

其中，C_D 是大气阻尼系数，反映中性大气与探测器表面相互作用的有关特性；ρ 为探测器所处位置的大气密度；A 为探测器截面积；m 为探测器质量；$\vec{v}_a$ 为探测器相对大气的速度。

关于大气阻尼系数，根据试验在自由分子流中可视为常数，取值在 2.2 附近。但是对于那些尺度较大或是飞行高度较低的探测器，其处于大气的过渡区，大气阻尼系数不再是常数，而与 K_n 相关，并没有特别好的分析表达式。

大气阻力加速度中涉及探测器面质比。与太阳辐射压摄动相似，在探测器的飞行过程中，探测器的有效面值比并不是保持不变的，它与承受阻力作用的探测器表面形状相关，对于非球形探测器，还涉及探测器的飞行姿态，因而有效面积的计算非常复杂，而且无法做到精确。在工程应用中，有时为了简化计算采用等效面质比模型，即设置等效的有效截面积 A_e。

此外，式（4.48）中还涉及探测器相对于大气的速度。$\vec{v}_a$ 主要源于大气"随"地球旋转的结果，但它的旋转规律非常复杂。若记相应的旋转角速度为 ω_a，地球自转角速度为 n_e，那么通常在 200 km 高度以下有 $\omega_a = n_e$，而在 200 km 高度以上则有 $\dfrac{\omega_a}{n_e} = 0.8 \sim 1.4$。一个简单的近似是假设大气随地球一起旋转，旋转角度就等于地球自转角速度，则探测器相对于大气的速度 $\vec{v}_a$ 可写为

$$\vec{v}_a = \vec{v} - \vec{\omega}_a \times \vec{r} \tag{4.49}$$

式中，$\vec{r}$，$\vec{v}$ 为探测器在惯性系中的位置和速度矢量；$\vec{\omega}_a$ 为地球自转角速度。

4.7.2　地球大气密度模型

式（4.48）中最后一个极为重要的量是大气密度 ρ，在地球引力与太阳辐射的作用下，大气密度是不断变化的，与时间、空间密切相关。而且，大气密度既不是简单地随高度变化，也不是仅与地球引力相关，其变化规律非常复杂。

在探测器精密定轨中，需要一个具有高精度的大气密度模式。大气模式是指大气状态参数（压力、温度、密度）及其变化的一种数学模型。自从人造卫星

发射以来，世界各国从不同资料（包括卫星阻力资料和星载一起获取的直接测量资料）中进行了长期的积累和研究，并取得了一系列重要发现与成果，增强了人们对高层大气结构的认识，图 4-5 给出了大气密度模式的发展历程。欧美在热层大气密度建模和动态改进方面始终保持领先优势，2020 年相继发布了经验大气密度模式 MSIS 和 DTM 系列的升级版。虽然大气密度模式的发展取得了可观的进步，但遗憾的是这些模式仍普遍存在约 15% 的偏差。

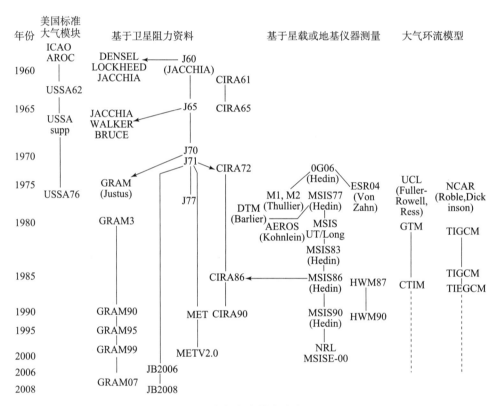

图 4-5　大气密度模式的发展历程

如果只考虑大气的重力平衡，在一定的近似下，根据流体静力学可知，其密度分布是指数函数形式：

$$\rho = \rho_0 \exp\left[-\frac{r - r_0}{H} \right] \tag{4.50}$$

式中，ρ_0 为参考球面 $r = r_0$ 上的大气密度；H 为密度标高。这一表达式符合密度随高度增加而减小的规律，但是越到高层，密度随高度的变化越慢，因此密度标高应随高度缓慢地增加。一个较好的近似是假定标高随高度线性变化，在 $h = 200 \sim 600\ \mathrm{km}$ 时，

$$H(r) = H_0 + \frac{\mu}{2}(r - r_0) \tag{4.51}$$

式中，$\mu \approx 0.1$。相应的大气密度公式变为

$$\rho = \rho_0 \exp\left[-\frac{r - r_0}{H(r)}\right]$$

$$\approx \rho_0 \left[1 + \frac{\mu}{2}\left(\frac{r - r_0}{H_0}\right)^2\right] \exp\left[-\frac{r - r_0}{H_0}\right]$$

由于地球是扁球体，在重力平衡条件下，大气的等密度面也可认为是相似的扁球面，那么上式可以修正为

$$\rho = \rho_0 \exp\left[-\frac{r - \sigma}{H(r)}\right]$$

$$\approx \rho_0 \left[1 + \frac{\mu}{2}\left(\frac{r - \sigma}{H_0}\right)^2\right] \exp\left[-\frac{r - \sigma}{H_0}\right] \tag{4.52}$$

式中，σ 是地心与探测器连线在参考椭球上交点的地心距。

大气密度分布受太阳辐射的影响呈现各种周期变化，其中与地球自转有关的周日效应尤为明显。在同一高度与纬度上，白天的密度要比夜间的密度大得多。同时考虑密度随高度与时间的变化，可以给出如下的大气密度公式：

$$\rho = \rho_0 \left[1 + F^* \cos\psi\right] \exp\left[-\frac{r - \sigma}{H(r)}\right] \tag{4.53}$$

式中，ψ 是探测器地心向径与密度周日峰方向之间的夹角，F^* 是周日变化因子。在对称周日效应的假定下，周日峰方向与太阳方向之间的关系为

$$\begin{cases} \alpha_m = \alpha + \lambda_m \\ \delta_m = \delta \end{cases} \tag{4.54}$$

其中，α, δ 为太阳的赤经、赤纬；λ_m 取为 $30°$。

4.7.3　火星大气密度模型

火星大气密度的研究始于 20 世纪 50 年代，使用观测包括地面望远镜和早期的几个飞越探测任务数据。通过飞越探测的地火通信链路进行掩星反演，确定了

火星大气主要由二氧化碳组成。70 年代，开始采用着陆探测 EDL 过程中的惯性测量单元数据、加速度计测量数据进行点密度反演，使用了包括火星、水手、海盗系列探测器数据，这奠定了构建火星大气模型的基础。90 年代，NASA 与 ESA 先后成功完成了多次探测任务，包括火星全球观测者、火星探路者、火星奥德赛、火星快车等，该时期探测器的加速度计数据和掩星探测数据促进了火星热层大气密度的发展。当前典型的火星大气数据库包括 NASA 的火星全球参考大气模型（Mars Global Reference Atmospheric Model，Mars – GRAM）和欧洲的火星气候数据库（Mars Climate Database，MCD）。

GRAM 由马歇尔太空飞行中心研发，广泛应用于多个任务，该数据库 0 ~ 80 km 高度的大气密度数据基于火星大气环流模型（Ames Mars General Circulation Model，AMGCM）计算得到，80 km 以上的数据则基于火星热层大气环流模型（Mars Thermosphere General Circulation Model，MTGCM）计算得到。

MCD 的主要研发部门是法国的动力气象实验室，该项目同时作为欧空局火星环境模型的组成部分得到了广泛应用，其数据是基于全球气候环流模型（General Circulation Model，GCM）仿真得到的，并经过"海盗号"和后续多个火星任务的观测数据验证。对比 MCD 和 Mars – GRAM 的密度数据，并通过火星全球勘测者的观测数据进行对比分析，发现数据库与实测数据的差值在 10% 以内。

Mars – GRAM 和 MCD 包含了大气密度、温度、压强等多项大气参数，是目前能够比较精确、全面地反映火星大气特性的数据库。为便于使用，诸多学者也发展了不少较为简单的简化模型，表 4 – 1 是 NASA 通过热力学公式给出的火星地面到 1 000 km 高处的大气密度及密度标高，表 4 – 2 给出了火星简化大气密度模型。

表 4 – 1　火星标准大气密度模型

地面高度/km	大气密度/$(km \cdot m^{-3})$	密度标高/km
0.0	0.201 601 14E – 01	10.581 950 90
5.0	0.138 450 94E – 01	9.349 828 43
10.0	0.899 645 08E – 02	8.110 343 84

续表

地面高度/km	大气密度/(km·m⁻³)	密度标高/km
15. 0	0. 527 684 47E − 02	7. 087 145 35
20. 0	0. 262 658 75E − 02	6. 945 073 91
25. 0	0. 128 520 73E − 02	6. 802 123 71
30. 0	0. 619 713 82E − 03	6. 658 288 76
35. 0	0. 292 608 28E − 03	6. 513 563 50
40. 0	0. 135 517 13E − 03	6. 367 940 51
45. 0	0. 616 581 37E − 04	6. 219 344 66
50. 0	0. 274 100 01E − 04	6. 073 980 39
60. 0	0. 507 192 73E − 05	5. 776 358 84
70. 0	0. 853 156 28E − 06	6. 322 864 10
80. 0	0. 163 549 70E − 06	6. 670 876 38
90. 0	0. 340 960 63E − 07	6. 966 931 19
100. 0	0. 756 731 97E − 08	7. 147 232 33
110. 0	0. 178 995 13E − 08	8. 053 919 69
120. 0	0. 488 734 52E − 09	9. 208 308 66
130. 0	0. 153 949 96E − 09	10. 191 649 00
140. 0	0. 534 013 92E − 10	11. 086 095 10
150. 0	0. 198 932 21E − 10	12. 139 073 90
160. 0	0. 801 445 38E − 11	12. 977 975 80
170. 0	0. 369 310 10E − 11	13. 929 531 90
180. 0	0. 136 917 30E − 11	20. 989 714 10
190. 0	0. 703 122 73E − 12	25. 120 387 80
200. 0	0. 390 346 42E − 12	30. 098 589 40
250. 0	0. 503 963 29E − 13	59. 109 807 70
300. 0	0. 136 624 25E − 13	103. 889 143 00
350. 0	0. 556 201 07E − 14	163. 457 912 00
400. 0	0. 268 088 02E − 14	257. 189 821 00
450. 0	0. 158 557 62E − 14	362. 539 510 00

地面高度/km	大气密度/(km · m^{-3})	密度标高/km
500.0	0.100 527 49E − 14	504.158 174 00
600.0	0.514 502 90E − 15	842.678 577 00
700.0	0.288 054 69E − 15	1 410.443 940 00
800.0	0.193 130 33E − 15	2 058.981 110 00
900.0	0.136 225 46E − 15	2 933.734 490 00
1 000.0	0.993 883 84E − 16	4 127.900 200 00

表 4 − 2　火星简化大气密度模型

序号	模型表达式	参数	来源
1	$\rho = \rho_0 e^{-h/h_s}$	$\rho_0 = 1.474 \times 10^{-2}$ kg/m^3 $h_s = 8\,805.7$ m	"海盗号" 观测数据
2	$\rho = \rho_0 e^{-h/h_s}$	$\rho_0 = 1.58 \times 10^{-2}$ kg/m^3 $h_s = 9\,354.5$ m	Joel Benito 2008
3	$\rho = \rho_0 e^{-(h-h_0)/h_s}$	$\rho_0 = 2 \times 10^{-4}$ kg/m^3 $h_0 = 40\,000$ m $h_s = 7500$ m	法国国家太空研究中心
4		$T = 1.4 \times 10^{-13}h - 8.85 \times 10^{-9}h^2$ $\quad - 1.245 \times 10^{-3}h + 205.36\,45$ $p = 559.351\,005\,946\,503e^{-0.000\,105h}$ $\rho = \dfrac{p}{188.951\,107\,110\,75}T$	Mars – GRAM 数据拟合
5		$\rho = P/188.951\,107\,110\,75T$ $P = 700\exp[-0.09(h/1\,000)]$ $T = \begin{cases} 241.0 - 0.999(h/1\,000), h < 7\,000\ m \\ 249.5 - 2.22(h/1\,000), h \geqslant 7\,000\ m \end{cases}$	Mars – GRAM 数据拟合，日本大学 Ushijima 2010

4.7.4　偏导数计算

大气阻尼摄动加速度对状态矢量的偏导数为：

$$\frac{\partial \ddot{\vec{r}}_E \cdot \vec{r}_{drag}}{\partial \vec{r}} = \frac{\partial \ddot{\vec{r}}}{\partial \rho}\left(\frac{\partial \rho}{\partial \vec{r}}\right)^T + \frac{\partial \ddot{\vec{r}}}{\partial \vec{v}_r}\frac{\partial \vec{v}_a}{\partial \vec{r}} = \frac{\ddot{\vec{r}}}{\rho}\left(\frac{\partial \rho}{\partial \vec{r}}\right)^T - \frac{\partial \ddot{\vec{r}}}{\partial \vec{v}_r}\omega \tag{4.55}$$

$\dfrac{\partial \rho}{\partial \vec{r}}$ 在计算大气密度时给出，由于大气密度模式的输入为地固系下大地坐标 $\vec{r}_{lbh} =$

$[l, b, h]^{\mathrm{T}}$，密度对位置矢量的偏导数可写为：

$$\frac{\partial \rho}{\partial \vec{r}} = (\boldsymbol{HG})^{\mathrm{T}} \frac{\partial \rho}{\partial \vec{r}_{\mathrm{lbh}}} \frac{\partial \vec{r}_{\mathrm{lbh}}}{\partial \vec{r}_{\mathrm{bf}}} \tag{4.56}$$

其中，$\vec{r}_{\mathrm{bf}}$ 为探测器在地固系下的位置矢量。

为便于求阻力摄动加速度对速度矢量的偏导数，将摄动加速度写为

$$\ddot{\vec{r}}_{\mathrm{E}} \cdot \vec{r}_{\mathrm{drag}} = -\frac{1}{2} C_D \frac{A}{m} \rho v_a \vec{v}_a \tag{4.57}$$

则对速度矢量的偏导数可简化为：

$$\frac{\partial \ddot{\vec{r}}_{\mathrm{E}} \cdot \vec{r}_{\mathrm{drag}}}{\partial \vec{r}} = \frac{\partial \ddot{\vec{r}}_{\mathrm{E}} \cdot \vec{r}_{\mathrm{drag}}}{\partial \vec{v}_a} \frac{\partial \vec{v}_a}{\partial \vec{r}} = \frac{\partial \ddot{\vec{r}}_{\mathrm{E}} \cdot \vec{r}_{\mathrm{drag}}}{\partial \vec{v}_a} \tag{4.58}$$

且有，

$$\begin{aligned}
\frac{\partial \ddot{\vec{r}}_{\mathrm{E}} \cdot \vec{r}_{\mathrm{draq}}}{\partial \vec{v}_a} &= -\frac{1}{2} c_d \frac{A}{m} \rho \left[\frac{\partial \ddot{\vec{r}}_{\mathrm{E}} \cdot \vec{r}_{\mathrm{drag}}}{\partial v_a} \frac{\partial v_a}{\partial \vec{v}_a} + v_a \frac{\partial \vec{v}_a}{\partial \vec{v}_a} \right] \\
&= -\frac{1}{2} c_d \frac{A}{m} \rho \left[\vec{v}_a^{\mathrm{T}} \frac{\vec{v}_a}{v_a} + v_a \boldsymbol{I}_{3 \times 3} \right]
\end{aligned}$$

其中，$\boldsymbol{I}_{3 \times 3}$ 为 3×3 单位矩阵。

由于大气阻尼系数的先验值很难准确给出，一般将其作为模型参数在轨道确定中进行估计，则阻力摄动加速度对阻尼系数的偏导数为

$$\frac{\partial \ddot{\vec{r}}_{\mathrm{E}} \cdot \vec{r}_{\mathrm{drag}}}{\partial c_d} = \frac{\ddot{\vec{r}}_{\mathrm{E}} \cdot \vec{r}_{\mathrm{drag}}}{c_d} \tag{4.59}$$

■ 4.8　后牛顿效应

4.8.1　巡航飞行段

在太阳系这一弱引力场中，太阳及大行星对探测器产生的后牛顿作用力可以描述为

$$\ddot{\vec{r}}_{\mathrm{E}} \cdot \vec{r}_{PN} = \sum_j \frac{\mu_j (\vec{r}_j - \vec{r})}{r_{sj}^3} \left\{ -\frac{2(\beta + \gamma)}{c^2} \sum_k \frac{\mu_k}{r_{sk}} - \frac{2\beta - 1}{c^2} \sum_{k \neq j} \frac{\mu_k}{r_{jk}} + \gamma \left(\frac{v}{c} \right)^2 + \right.$$

$$\left. (1 + \gamma) \left(\frac{v_j}{c} \right)^2 - \frac{3}{2c^2} \left[\frac{(\vec{r}_j - \vec{r}) \cdot \dot{\vec{r}}_j}{r_{ij}} \right]^2 + \frac{1}{2c^2} (\vec{r}_j - \vec{r}_i) \cdot \ddot{\vec{r}}_{\mathrm{E}} \cdot \vec{r}_j \right\} +$$

$$\frac{1}{c^2}\sum_j \mu_j \frac{(\dot{\vec{r}}_j - \dot{\vec{r}})}{r_{sj}^3}\{[\vec{r}_j - \vec{r}][(2+2\gamma)\dot{\vec{r}} - (1+2\gamma)\dot{\vec{r}}_j]\} +$$

$$\frac{(3+4\gamma)}{2c^2}\sum_j \frac{\mu_j \ddot{\vec{r}}_E \cdot \vec{r}_j}{r_{sj}} \tag{4.60}$$

式中，β，γ 为后牛顿参数，对广义相对论而言，其取值均为 1；c 为真空中的光速；$\vec{r}$ 表示探测器在太阳系质心系中的位置矢量；v 表示速度矢量的模；μ_j 表示各天体对应的引力常数；$\vec{r}_j$ 表示各天体在太阳系质心系中的位置矢量；r_{sj} 表示第 j 个天体距探测器的距离。

后牛顿效应力的计算中涉及天体的位置、速度与加速度的计算。JPL 行星历表实际是按时间段进行划分的，通过切比雪夫多项式对行星位置进行拟合，提供的是一系列时间序列的切比雪夫多项式系数。JPL 提供的标准算法程序可以进行插值获取行星位置速度，但是未提供加速度的计算，这可以通过对位置项的切比雪夫多项式进行二次求导获取。

4.8.2 环绕飞行段

针对环绕型探测器或对某大天体近距离探测的探测器，后牛顿作用力只需要考虑相应的中心天体或近距离探测的目标天体的一体效应。以地球卫星为例，由参数化的后牛顿理论给出的只考虑一阶后牛顿项的运动方程为

$$\ddot{\vec{r}} = -\frac{\mu}{r^2}\left(\frac{\vec{r}}{r}\right) +$$

$$\frac{\mu}{r^2}\left[\frac{\mu}{c^2 r}(\alpha_1 + \alpha_2\beta) - \frac{v^2}{c^2}(\alpha_3 + \alpha_4\beta) + \alpha_5\beta\frac{\dot{r}^2}{c^2}\right]\left(\frac{\vec{r}}{r}\right) +$$

$$\frac{\mu}{r^2}\left[\frac{\dot{r}v}{c^2}(\alpha_6 - \alpha_7\beta)\right]\left(\frac{\dot{\vec{r}}}{v}\right) \tag{4.61}$$

其中，

$$\begin{cases} \mu = G(m_1 + m_2), \beta = \dfrac{m_1 m_2}{(m_1 + m_2)^2} \\ v^2 = \dot{\vec{r}}^2, \dot{r} = \dot{\vec{r}} \cdot \left(\dfrac{\vec{r}}{r}\right) \end{cases} \tag{4.62}$$

式（4.61）中的 c 为光速；$\alpha_1, \alpha_2, \cdots, \alpha_7$ 为参数，不同的引力理论有不同的

值。方程右端的第一项即牛顿项，第二项和第三项就是后牛顿项，这两种后牛顿项只有 $\vec{r}$ 和 $\dot{\vec{r}}$ 方向的分量，即径向和切向（即速度方向）分量。

目前，常采用的引力理论还是爱因斯坦广义相对论，对于地球卫星的运动，与运动方程（4.61）对应的形式为

$$\ddot{\vec{r}} = -\frac{\mu}{r^2}\left(\frac{\vec{r}}{r}\right) + \vec{A}_1 + \vec{A}_2 + \vec{A}_3 + \vec{A}_4 \tag{4.63}$$

其中，$\vec{A}_1, \vec{A}_2, \vec{A}_3, \vec{A}_4$ 依次为地球的一体引力效应、测地岁差、自转效应和地球扁率效应，其具体表达式为

$$\vec{A}_1 = \frac{\mu}{c^2 r^2}\left[\left(4\frac{\mu}{r} - v^2\right)\left(\frac{\vec{r}}{r}\right) + (4\dot{r})\vec{v}\right] \tag{4.64}$$

$$\vec{A}_2 = 2(\vec{\Omega} \times \vec{v}) \tag{4.65}$$

$$\vec{A}_3 = \frac{2\mu}{c^2 r^3}\left[\frac{3}{r^2}(\vec{r} \cdot \vec{J})(\vec{r} \times \vec{v}) + (\vec{v} \times \vec{J})\right] \tag{4.66}$$

$$\vec{A}_4 = \frac{1}{c^2}\left[-4\nabla\left(\frac{\mu}{r}R\right) + v^2\nabla R - 4(\vec{v} \cdot \nabla R)\vec{v}\right] \tag{4.67}$$

其中，

$$\begin{cases} \vec{\Omega} = \frac{3}{2}\left(\frac{Gm_s}{c^2 r_s^3}\right)\vec{h}_s \\ \vec{h}_s = \vec{r}_s \times \vec{v}_s \end{cases} \tag{4.68}$$

$$\vec{J} = J\hat{k}, J = 9.8 \times 10^8 \, \text{m}^2/\text{sec} \tag{4.69}$$

$$\begin{cases} R = -J_2\left(\frac{\mu a_e^2}{r^3}\right)\left(\frac{3}{2}\sin^2\varphi - \frac{1}{2}\right) \\ \sin\varphi = \frac{z}{r} \end{cases} \tag{4.70}$$

其中，$\mu = GE$，是地心引力常数；m_s 是太阳质量；$\vec{r}_s$ 和 $\vec{v}_s$ 分别是太阳的地心向径和速度矢量；$\vec{h}_s$ 是常向量，即太阳"绕"地球运动的不变椭圆轨道的面积速度矢量；$\hat{k}$ 是地球赤道面的法向单位矢量；R 是地球非球形引力位的扁率项。

由于各类航天器的运动中后牛顿效应并不显著，与前面介绍的潮汐形变效应一样，在状态转移矩阵 Φ 的构建中无须考虑，故相应的偏导数也不再给出。

▪ 4.9 姿轨控推力加速度

探测器在轨飞行期间会通过发动机点火喷气进行姿轨控维持，这会对探测器的质心运动产生影响。以环绕型探测器为例，姿轨控通常会对探测器在径向、沿迹与法向产生摄动加速度，如图 4 - 6 所示。对作用在探测器上的推力可建立以下加速度模型：

$$\vec{a}_{\text{th}} = \frac{\dot{m} v_e}{m(t)} \left(\textbf{\textit{RTN}}\right)^{\text{T}} \vec{d} \tag{4.71}$$

其中，$\dot{m}$ 为燃料每秒的消耗量（kg/s）；v_e 为发动机的喷气速度（m/s），$\vec{d}$ 为控制推力在 RTN 轨道坐标系中的方向；$\dot{m}$、v_e 和 $\vec{d}$ 可根据发动机参数和卫星姿态事先确定；$m(t) = m_0 + \dot{m}\Delta t$，为控制期间的卫星质量；$m_0$ 为控前卫星质量，Δt 为发动机工作时间；$\textbf{\textit{RTN}}$ 为天球参考系至轨道坐标系的旋转矩阵，上标 T 表示转置。

$$\textbf{\textit{RTN}}(1,i) = \frac{\vec{r}}{|\vec{r}|}$$

$$\textbf{\textit{RTN}}(3,i) = \frac{\vec{r} \times \dot{\vec{r}}}{|\vec{r} \times \dot{\vec{r}}|}$$

$$\textbf{\textit{RTN}}(2,i) = \textbf{\textit{RTN}}(3,i) \times \textbf{\textit{RTN}}(1,i) \tag{4.72}$$

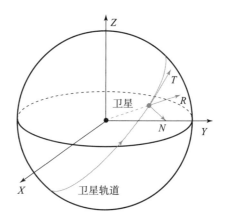

图 4 - 6 轨道坐标系与天球参考系的关系

探测器上发动机的工作可以是连续的，也可以是不连续的。对于非连续作用

力，可以采用一个平均化的模型来代替，推力加速度可写为

$$
\vec{a}_m = \begin{bmatrix} a_R \\ a_T \\ a_N \end{bmatrix} = \begin{bmatrix} A_R + B_R T + C_R \cos u + S_R \sin u \\ A_T + B_T T + C_T \cos u + S_T \sin u \\ A_N + B_N T + C_N \cos u + S_N \sin u \end{bmatrix} \tag{4.73}
$$

式中，$u = \omega + f$，ω 为近星点幅角，f 为真近点角；T 表示距发动机开机的时间间隔；A 表示常数项；B 表示线性项；C,S 表示周期项，通常在定轨计算中作为待估参数进行解算。

最后，由轨道坐标系转换至天球参考系

$$
\vec{a}_{\text{th}} = (\boldsymbol{RTN})^{\text{T}} \vec{a}_m \tag{4.74}
$$

加速度对平均推力偏导数为

$$
\frac{\partial \vec{a}_{\text{th}}}{\partial \vec{a}_m} = (\boldsymbol{RTN})^{\text{T}} \tag{4.75}
$$

加速度对探测器位置、速度偏导数为

$$
\frac{\partial \vec{a}_{\text{th}}}{\partial \vec{r}} = \frac{\partial (\boldsymbol{RTN})^{\text{T}}}{\partial \vec{r}} \vec{a}_m \; ; \; \frac{\partial \vec{a}_{\text{th}}}{\partial \dot{\vec{r}}} = \frac{\partial (\boldsymbol{RTN})^{\text{T}}}{\partial \dot{\vec{r}}} \vec{a}_m \tag{4.76}
$$

参考文献

[1] 秦同，王硕，高艾，等. 一种火星大气密度三维解析模型 [J]. 深空探测学报，2014，1（2）：117 - 122.

[2] JUSTUS C G，JAMES B F，BOUGHER S W，et al. Mars - GRAM 2000：a Mars atmospheric model for engineering applications [J]. Advanced in Space Research，2002，29（2）：193 - 202.

[3] BRUINSMA S，LEMOINE F G. A preliminary semiempirical thermosphere model of Mars：DTM - Mars [J]. Journal of Geophysical Research，2002，107（10）：15 - 27.

[4] MILLOUR E，FORGET F，SPIGA A，et al. The Mars Climate Database（Version 5.3）[C/OL]//Scientific Workshop："From Mars Express to ExoMars".

Madrid，Spain，2018 - 02 - 27：ESA - ESAC，2018：1 - 2.

[5] JUSTH H L. Mars global reference atmospheric model 2010 version：user guide，NASA/TM - 2014 - 217499 ［R/OL］. Huntsville：Marshall Space Flight Center，2014：1 - 96.

[6] 刘林，胡松杰，曹建峰，等. 航天器定轨理论与应用［M］. 北京：电子工业出版社，2015.

[7] 孙义燧，周济林. 现代天体力学导论［M］. 北京：高等教育出版社，2008.

[8] 章仁为. 卫星轨道姿态动力学与控制［M］. 北京：北京航空航天大学出版社，1998.

[9] PETIT G，LUZUM B. IERS Conventions（2010），IERS Technical Note No. 36 ［R］. Paderborn：Bonifatius GMBH，2010：1 - 179.

第 5 章

数值积分

本章围绕天体和探测器的轨道动力学方程求解展开，先对运动方程中的解析解和数值解两种解的形式进行简单区分；再介绍常用的数值积分器，按照单步法、多步法、变阶变步长数值积分器的顺序进行介绍；最后归纳出它们各自的优缺点和适用范围。值得一提的是，单步法仅需一个自变量上的函数值就可以得到其他自变量所对应的应变量的值；多步法则需要已知多个自变量上的函数值才能求解，运动方程一般采用后者，同时需要兼顾考虑定阶定步长与变阶变步长的差异。

在常微分方程求解中，二体运动可以得出完备解析解，但完全准确地描述天体或探测器的轨道动力学方程则十分复杂，一般采用数值解。以近地航天器为例，航天器除了受到地球中心引力和非球形引力的共同作用外，还需要考虑三体摄动力、大气阻力、太阳光压等的影响，难以获得完全解析解，常常需要采取数值积分方法来求解其轨道动力学方程，这也称为近似解或数值解法。总之，数值解法具有计算公式简单、精度高等优点，尤其适合探测器在多种摄动作用下的运动方程，难以采用解析方法得出严格解析解的情况。但需要注意，针对不同的天体或探测器，在不同的应用场景下对积分器精度与效率的要求往往不同，需要进行适应性的设计和改编，以提高计算精度、效率和实时性。

5.1 数值解法的基本思想

由于高阶次方程也可以化为一阶方程，为了便于理解和后续公式的推导，在此以一阶常微分方程为例进行说明，一阶初值问题可以一般地写成：

$$\begin{cases} \dfrac{\mathrm{d}y}{\mathrm{d}x} = f(x, y), & x \in [x_0, X] \\ y(x_0) = y_0 \end{cases} \tag{5.1}$$

其中，x 为参数矢量，对应为待求坐标、速度或者加速度矢量等，要求该方程的数值解需在区间 $[x_0, X]$ 上选取一系列离散点：

$$x_0 = x_0 < x_1 < x_2 < \cdots < x_m = X \tag{5.2}$$

可以根据初值 $y_0 = y(x_0)$，积分求出 y_1，类似再由 y_1 求出 y_2，依次求出 y_m，即得到 m 个离散点。数值解法的主要思想是用一种离散化方法来处理连续问题。如无特殊要求，通常步长定为 h，即取等间隔点，则离散点可以表示成：

$$x_n = x_0 + n \times h (n = 1, 2, \cdots, m) \tag{5.3}$$

若采用变步长方法，则通常需要在每一步中根据解析方法或截断误差大小来确定步长。对于小偏心率轨道或者近圆轨道，一般采用定步长方法，通常比变步长方法计算量小且两者精度相差不大。随着偏心率的增大，卫星轨道在近地点与远地点差异明显，导致中心天体产生的摄动力相差较大，适宜采用变步长方法。若卫星运动方程的右函数值变化较大，在近地点附近需采用小步长以保证积分精度，在远地点附近则应在满足精度要求之后采用大步长以减少计算量。

此外，变步长策略可分为两类：解析法变步长和控制误差法变步长。解析法变步长通常根据探测器距离中心天体的远近来选取，距离越近，步长越小；控制误差法变步长则使用嵌套形式的积分器，需要根据相邻阶次积分结果计算出局部截断误差，再来选择下一步的步长，最后用半步长法积分出两种结果，根据结果的差异来确定步长。需要注意的是，从初值求解中，我们可以区分单步法与多步法，单步法在计算 y_{i+1} 时只利用了 y_i；用多步法计算 y_{i+1} 则要用到 y_i，y_{i-1}，y_{i-2}，$\cdots$，等多个点。

■ 5.2　数值积分方法的分类

数值积分方法有很多种类，每种积分方法各有优缺点，具有不同的适用场景。综合前人的研究成果，按照不同的分类标准，微分方程的数值解法的分类大致可以总结如表 5 – 1 所示。

表 5 – 1　积分方法的分类

分类	定义	特征
第 I 类方法	将二阶方程降为一阶，再积分	由于第 II 类方法的右函数中不含速度项，对于必须考虑速度的情况，必须用第 I 类方法
第 II 类方法	对二阶方程直接积分	
单步法	计算 y_{i+1} 时只利用了 y_i	单步法的计算量很大且精度一般较低，但原理简单且不需存储之前多个节点的值，可以自起步、算法稳定性好于多步法
多步法	计算 y_{i+1} 要用到 y_i，y_{i-1}，y_{i-2}，…等多个点	
显式方法	计算公式右函数无待求项	隐式方法计算量大，但更加稳定精确
隐式方法	计算公式右函数带有待求项	

　　根据是否把二阶微分方程化为一阶方程再积分，可把探测器的轨道动力学方程的求解方法划分为第 I 类方法和第 II 类方法。一般来说，第 II 类方法比第 I 类方法更有效。但当涉及卫星速度相关积分时必须用第 I 类方法，如考虑大气阻力。在实际应用中，对于地球、火星的高轨卫星或绕月卫星，大气阻力的影响可忽略不计时，可以考虑将两类方法结合使用，即用第 I 类方法计算卫星速度，用第 II 类方法计算卫星位置。

　　在函数值计算中根据所需自变量的函数值个数，可以把微分方程的数值解法划分为单步法与多步法。单步法的典型代表包括 Taylor 级数法、Runge – Kutta 法、外推法等。单步法要使用高阶方法才能得到精密解，并且在每一步计算中都要多次计算微分方程的右函数。而在实际应用中，卫星轨道运动方程的右函数非常复杂，计算量很大且精度一般。单步法的优点是原理简单，不需存储之前多个节点的值，可自起步，算法稳定性好于多步法。多步法主要包括 Adams – Cowell 方法、KSG 方法等，适用于解算具有复杂右函数的卫星运动方程，但是难以实现自起步。虽然已有研究提出利用较为复杂变阶次多步算法来实现自起步，但是通常还是使用单步法计算出一系列节点上的函数值来提供多步法的起步数据。需要注意的是，针对多步积分方法还有一种 k 步法，使用前 k 步的结果求得下一步数值解，不需要使用前面所有节点上的函数值。一般来说，常规多步法比 k 步法精确性更高，但是计算量大且较难实现步长的变化。

单步法和多步法又有显式方法和隐式方法。显式方法中直接积分计算，隐式方法需要迭代求解，但是隐式方法更加稳定精确。以单步显式方法为例，计算公式为

$$y_{i+1} = y_i + h \times \varphi(x_i, y_i, h) \tag{5.4}$$

可见右端仅包含上一步积分值 y_i。而隐式方法计算公式为

$$y_{i+1} = y_i + h \times \varphi(x_i, y_i, y_{i+1}, h) \tag{5.5}$$

其中，右端显含 y_{i+1}，因此每步都要解 y_{i+1} 的方程。对多步法来说，显式和隐式方法的区别类似。

在实际应用中，通常将显式和隐式方法结合使用，显式方法可提供一个预估值，再利用隐式方法对预估值进行修正，共同称为预估 – 校正算法（Predict Evaluate Correct Evaluate，PECE）。展开来说，探测器运动方程对应于受摄二体问题，右函数中包含主要中心天体引力加速度和次要其他摄动加速度项，前者是校正的主要内容，可以在校正计算时只计算主要项，再加上预估时得到的摄动项组成右函数，也可以在每一步计算中进行多次校正。通过对积分器分类方法的介绍，常见的积分器按照单步和多步、是否可变步长信息如表 5 – 2 所示。

表 5 – 2　常见积分器的分类

积分器名称	积分步	是否可变步长	类型
Runge – Kutta	单步	是	Ⅰ
Runge – Kutta – Fehlberg	单步	是	Ⅰ
Runge – Kutta – Nyström	单步	是	Ⅰ + Ⅱ
Adams	多步	是（k 步）	Ⅰ
Cowell	多步	是（k 步）	Ⅱ
Admas – Cowll	多步	是（k 步）	Ⅰ + Ⅱ
KSG	多步	是（k 步）	Ⅰ + Ⅱ
Guass – Jackson	多步	否	Ⅰ + Ⅱ

■ 5.3　单步法数值积分器

5.3.1　外推级数积分器

英国物理学家 Lewis Fry Richardson 根据常微分方程外推思想提出了外推法，

属于较为原始的单步法积分器。在外推法中，首先将区间 $[x_0, x_0 + H]$ 被分 n 个步长 $h = H/n$ 的区间。使用欧拉方法进行计算：

$$y_1 = y_0 + hf(x_0, y_0) \tag{5.6}$$

$$x_i = x_0 + ih \tag{5.7}$$

$$y_{i+1} = y_{i-1} + 2hf(x_i, y_i) \quad (i = 1, \cdots, n-1) \tag{5.8}$$

为便于理解，通过点 (x_0, y_0) 和 $(x_0 + h, y_1)$ 的割线斜率由点 (x_0, y_0) 的切线斜率 $f(x_0, y_0)$ 代替。于是在点 $x_0 + H$ 处有近似解：

$$\eta(h) = \frac{1}{4} y_{n-2} + \frac{1}{2} y_{n-1} + \frac{1}{4} y_n \approx y(x_0 + H) \tag{5.9}$$

可以看成关于步长 h 的函数。Gragg（1965）指出 $\eta(h)$ 与精确解之间的差值为

$$\eta(h) - y(x_0 + H) = \varepsilon_2 h^2 + \varepsilon_4 h^4 + \varepsilon_6 h^6 + \cdots \tag{5.10}$$

其中，误差系数 ε_j 取决于 x_0 和 H，但独立于 h。

5.3.2 Runge – Kutta 积分器

19 世纪末，数学家 Carl Runge 和 Wilhelm Kutta 提出了 Runge – Kutta 方法，其基本思想是间接引用一阶泰勒展开式。为保证和高阶泰勒级数类似精度，利用积分区间上若干个点导数值的线性组合来代替单个点上的导数值，可以避免计算的各阶导数。L 阶 Runge – Kutta 方法的一般公式为

$$\begin{cases} X_{n+1} = X_n + h(c_1 k_1 + c_2 k_2 + \cdots + c_L k_L) \\ k_1 = f(x_n, X_n) \\ \vdots \\ k_i = f\left(x_n + \alpha_i h, X_n + h \sum_{j=1}^{i-1} \beta_{ij} k_j\right), \quad i = 2, \cdots, N \end{cases} \tag{5.11}$$

其中，h 是积分步长；c_i，α_i，β_{ij} 是待定常系数，将 k_i 在 (x_n, X_n) 处做 Taylor 展开，并使系数满足一定的截断误差条件，即可确定出这些待定系数。以下是常用的四阶 Runge – Kutta 公式的两种形式。

1. 标准四阶 Runge – Kutta 公式（也称为经典公式）

$$X_{n+1} = X_n + \frac{h}{6}(k_1 + 2k_2 + 2k_3 + k_4)$$

$$\begin{cases} k_1 = f(x_n, X_n) \\ k_2 = f\left(x_n + \frac{1}{2}h, X_n + \frac{1}{2}hk_1\right) \\ k_3 = f\left(x_n + \frac{1}{2}h, X_n + \frac{1}{2}hk_2\right) \\ k_4 = f(x_n + h, X_n + hk_3) \end{cases} \tag{5.12}$$

2. Gill 公式（有减小舍入误差的优点）

$$X_{n+1} = X_n + \frac{h}{6}\left[k_1 + (2 - \sqrt{2})k_2 + (2 + \sqrt{2})k_3 + k_4\right]$$

$$\begin{cases} k_1 = f(x_n, X_n) \\ k_2 = f\left(x_n + \frac{1}{2}h, X_n + \frac{1}{2}hk_1\right) \\ k_3 = f\left(x_n + \frac{1}{2}h, X_n + \frac{\sqrt{2}-1}{2}hk_1 + \frac{2-\sqrt{2}}{2}hk_2\right) \\ k_4 = f\left(x_n + h, X_n - \frac{\sqrt{2}}{2}hk_2 + \frac{2+\sqrt{2}}{2}hk_3\right) \end{cases} \tag{5.13}$$

对于 N 阶 Runge – Kutta 方法，每积分一步时至少需要对函数 f 积分 N 次，最高阶数的计算有如下对应关系：

$$H(N) = \begin{cases} N, & N = 1,2,3,4 \\ N - 1, & N = 5,6,7 \\ N - 2, & N = 8,9,10 \end{cases} \tag{5.14}$$

Runge – Kutta 方法重阶次越高，需要多计算的次数也越多，误差由积分阶次、积分步长和右函数的复杂程度决定。通常，在保证精度与计算效率的前提下，8 阶 Runge – Kutta 积分公式已能满足大部分应用要求，更高阶次反而会使累积误差增大而降低计算精度，同时也降低计算效率。为了便于读者编程使用，下面我们把 8 阶 Runge – Kutta 涉及的常系数汇总在表 5 – 3 中。

表 5 – 3　8 阶 Runge – Kutta 积分公式的系数

	i	1	2	3	4	5	6	7	8	9	10
j	α_i	0	4/27	2/9	1/3	1/2	2/3	1/6	1	5/6	1
1			4/27	1/18	1/12	1/8	13/54	389/4 320	– 231/20	– 127/288	1 481/820
2				1/6	0	0	0	0	0	0	0
3					1/4	0	– 27/54	– 54/4 320	81/20	18/288	– 81/820
4						3/8	7/9	966/4320	– 1 164/20	– 678/288	7 104/820
5	β_{ij}						4/27	– 824/4 320	656/20	456/288	3 376/820
6								243/4320	– 122/20	– 9/288	72/820
7									800/20	576/288	– 5 040/820
8										4/288	– 60/820
9											720/820
c_i		41/840	0	0	27/840	272/840	27/840	216/840	0	216/840	41/840

5.3.3　Runge – Kutta – Fahlberg 积分器

为了克服 Runge – Kutta 方法中局部截断误差较大的问题，Fehlberg 提出了一种嵌套技术方法，称为 Runge – Kutta – Fehlberg（RKF）方法。利用差分格式中右函数系数可有不同选择的特点，同时给出 m 阶和 $m+1$ 阶的两组 Runge – Kutta 公式，结果之差给出局部截断误差，并由此来确定下一步的步长。m 阶和 $m+1$ 阶公式比较类似，微小差异在右函数计算次数上，利用自由选择系数的特点，实现两组相邻阶次公式的嵌套，RKF 方法可以方便地给出局部截断误差，据此还可以确定步长。

Fehlberg 给出了 5（6）阶，6（7）阶，7（8）阶和 8（9）阶四套公式及相应的系数，分别记为 RKF5（6），RKF6（7），RKF7（8）和 RKF8（9），实际上 RKF8（9）相对于 RKF7（8）在积分精度上的改进很小，更高阶次的嵌套公式对提高进一步精度和效率也十分有限。下面给出 RKF7（8）公式：

$$\begin{cases} X_{n+1} = X_n + h\sum_{i=1}^{11} c_i f_i + O(h^8) \\ \widehat{X}_{n+1} = X_n + h\sum_{i=1}^{13} \widehat{c}_i f_i + O(h^9) \end{cases} \tag{5.15}$$

$$\begin{cases} f_1 = f(x_n, X_n) \\ f_i = f\left(x_n + \alpha_i h, X_n + h\sum_{j=1}^{i-1}\beta_{ij}f_j\right), \quad i = 2,3,\cdots,13 \end{cases} \tag{5.16}$$

其中，涉及的参数及其含义与上一节相同，RKF7（8）阶积分中涉及的常系数总结在表 5 – 4 中。

表 5 – 4　RKF7（8）的系数

	i	1	2	3	4	5	6	7	8	9	10	11	12	13
j	α_i	0	$\frac{2}{27}$	$\frac{1}{9}$	$\frac{1}{6}$	$\frac{5}{12}$	$\frac{1}{2}$	$\frac{5}{6}$	$\frac{1}{6}$	$\frac{2}{3}$	$\frac{1}{3}$	1	0	1
1			$\frac{2}{27}$	$\frac{1}{36}$	$\frac{1}{24}$	$\frac{5}{12}$	$\frac{1}{20}$	$-\frac{25}{108}$	$\frac{31}{300}$	2	$-\frac{91}{108}$	$\frac{2\,383}{4\,100}$	$\frac{3}{205}$	$-\frac{1\,777}{4\,100}$
2				$\frac{1}{12}$	0	0	0	0	0	0	0	0	0	0
3					$\frac{1}{8}$	$-\frac{25}{16}$	0	0	0	0	0	0	0	0
4						$\frac{25}{16}$	$\frac{1}{4}$	$\frac{125}{108}$	0	$-\frac{53}{6}$	$\frac{23}{108}$	$-\frac{341}{164}$	0	$-\frac{341}{164}$
5							$\frac{1}{5}$	$-\frac{65}{27}$	$\frac{61}{225}$	$\frac{704}{45}$	$-\frac{976}{135}$	$\frac{4\,496}{1\,025}$	0	$\frac{4\,496}{1\,025}$
6	β_{ij}							$\frac{125}{54}$	$-\frac{2}{9}$	$-\frac{107}{9}$	$\frac{311}{54}$	$-\frac{301}{82}$	$-\frac{6}{41}$	$-\frac{289}{82}$
7									$\frac{13}{900}$	$\frac{67}{90}$	$-\frac{19}{60}$	$\frac{2\,133}{4\,100}$	$-\frac{3}{205}$	$\frac{2\,193}{4\,100}$
8										3	$\frac{17}{6}$	$\frac{45}{82}$	$-\frac{3}{41}$	$\frac{51}{82}$
9											$-\frac{1}{12}$	$\frac{45}{164}$	$\frac{3}{41}$	$\frac{33}{164}$
10												$\frac{18}{41}$	$\frac{6}{41}$	$\frac{12}{41}$
11													0	0
12														1
	c_i	$\frac{41}{840}$	0	0	0	0	$\frac{34}{105}$	$\frac{9}{35}$	$\frac{9}{35}$	$\frac{9}{280}$	$\frac{9}{280}$	$\frac{41}{840}$	0	0
	$\widehat{c}_i$	0	0	0	0	0	$\frac{34}{105}$	$\frac{9}{35}$	$\frac{9}{35}$	$\frac{9}{280}$	$\frac{9}{280}$	0	$\frac{41}{840}$	$\frac{41}{840}$

局部截断误差（e）的计算公式为：

$$e \approx |\hat{X}_{n+1} - X_{n+1}| = \frac{41}{840}(k_1 + k_{11} - k_{12} - k_{13}) \tag{5.17}$$

5.3.4　Runge – Kutta – Nyström 积分器

运用动力学方法求探测器轨道时，通常将该二阶微分方程先化为一阶微分方程积分求速度，再通过一次积分求位置。在计算速度时不免产生误差积累，因此 Fehlberg 提出了可用于直接积分的二阶微分方程 Runge – Kutta – Fehlberg – Nyström（RKNF）方法，与 Fehlberg 方法的基本思想一致，Dormand 等还提出了 Runge – Kutta – Nyström（RKN）方法。RKN 方法在实现相同阶次的积分时，右函数的计算次数少于 RKNF 方法，它们比 Runge – Kutta 方法节约了较大的工作量，均属于变步长第Ⅱ类积分器。

值得一提，由于直接对探测器运动的二阶微分方程积分，计算探测器位置时不涉及速度项时，这种方法相对普通的一阶积分方法具有很大的优越性。但在实际应用中，通常需要给出探测器的速度值，故常联合其他方法，用一阶积分计算出速度值。适用于探测器轨道积分的 RKN 方法基本公式为：

$$\begin{aligned} \boldsymbol{V}_1 &= \boldsymbol{V}_n \\ \boldsymbol{P}_1 &= \boldsymbol{P}_n \\ \boldsymbol{a}_1 &= \boldsymbol{a}_n \end{aligned} \tag{5.18}$$

$$\begin{cases} \boldsymbol{P}_i = \boldsymbol{P}_n + \alpha_i h \boldsymbol{V}_n + h^2 \sum_{j=1}^{i-1} \beta_{ij} a_j \\ \boldsymbol{a}_i = f(\boldsymbol{P}_i), \quad i = 2, 3, \cdots, N \end{cases} \tag{5.19}$$

$$\begin{cases} \boldsymbol{V}_{n+1} = \boldsymbol{V}_n + h \sum_{i=1}^{N} \dot{c}_i a_i \\ \boldsymbol{P}_{n+1} = \boldsymbol{P}_n + h \boldsymbol{V}_n + h^2 \sum_{i=1}^{N} c_i a_i \end{cases} \tag{5.20}$$

$$\begin{cases} \hat{\boldsymbol{V}}_{n+1} = \boldsymbol{V}_n + h \sum_{i=1}^{N} \hat{c}_i a_i \\ \hat{\boldsymbol{P}}_{n+1} = \boldsymbol{P}_n + h \boldsymbol{V}_n + h^2 \sum_{i=1}^{N} \hat{c}_i a_i \end{cases} \tag{5.21}$$

$$e_P \approx |\hat{\boldsymbol{P}} - \boldsymbol{P}|$$

其中，$\boldsymbol{a}$，$\boldsymbol{V}$，$\boldsymbol{P}$ 分别表示卫星的三维加速度向量、速度向量和坐标向量。

表 5 – 5 给出了 Dormand 等人提出的 RKN8（6）系数，此时 $N = 9$。

表 5-5 **RKN8 (6) 的系数**

i	1	2	3	4	5	6	7	8	9
α_i	0	$\frac{1}{20}$	$\frac{1}{10}$	$\frac{3}{10}$	$\frac{1}{2}$	$\frac{7}{10}$	$\frac{9}{10}$	1	1
β_{ij} $j=1$		$\frac{1}{800}$	$\frac{1}{600}$	$\frac{9}{200}$	$-\frac{66\,701}{197\,352}$	$\frac{227\,015\,747}{304\,251\,000}$	$-\frac{1\,131\,891\,597}{901\,789\,000}$	$\frac{13\,836\,959}{3\,667\,458}$	$\frac{223}{7\,938}$
$j=2$			$\frac{1}{300}$	$-\frac{9}{100}$	$\frac{28\,325}{32\,892}$	$\frac{54\,897\,451}{-30\,425\,100}$	$\frac{41\,964\,921}{12\,882\,700}$	$-\frac{17\,731\,450}{1\,833\,729}$	0
$j=3$				$\frac{9}{100}$	$-\frac{2\,665}{5\,482}$	$\frac{12\,942\,349}{10\,141\,700}$	$-\frac{6\,663\,147}{3\,220\,675}$	$\frac{1\,063\,919\,505}{156\,478\,208}$	$\frac{1\,175}{8\,064}$
$j=4$					$\frac{2\,170}{24\,669}$	$-\frac{9\,499}{304\,251}$	$\frac{270\,954}{644\,135}$	$-\frac{33\,213\,845}{39\,119\,552}$	$\frac{925}{6\,048}$
$j=5$						$\frac{539}{9\,250}$	$-\frac{108}{5\,875}$	$\frac{13\,335}{28\,544}$	$\frac{41}{448}$
$j=6$							$\frac{114}{1\,645}$	$-\frac{705}{14\,272}$	$\frac{925}{14\,112}$
$j=7$								$\frac{1\,645}{57\,088}$	$\frac{1\,175}{72\,576}$
$j=8$									0
c_i	$\frac{7\,987\,313}{109\,941\,300}$	0	$\frac{1\,610\,737}{44\,674\,560}$	$\frac{10\,023\,263}{33\,505\,920}$	$-\frac{497\,221}{12\,409\,600}$	$\frac{10\,023\,263}{78\,180\,480}$	$\frac{1\,610\,737}{402\,071\,040}$	0	0

续表

i	1	2	3	4	5	6	7	8	9
$\hat{c}_i$	$\dfrac{223}{7\,938}$	0	$\dfrac{1\,175}{8\,064}$	$\dfrac{925}{6\,048}$	$\dfrac{41}{448}$	$\dfrac{925}{14\,112}$	$\dfrac{1\,175}{72\,576}$	0	0
$\overset{\bullet}{c}_i$	$\dfrac{7\,987\,313}{109\,941\,300}$	0	$\dfrac{1610737}{4\,020\,710}$	$\dfrac{10\,023\,263}{23\,454\,144}$	$-\dfrac{497\,221}{6\,204\,800}$	$\dfrac{10\,023\,263}{23\,454\,144}$	$\dfrac{1\,610\,737}{4\,020\,710}$	$-\dfrac{4\,251\,941}{54\,970\,650}$	$\dfrac{3}{20}$
$\widehat{\overset{\bullet}{c}}_i$	$\dfrac{223}{7\,938}$	0	$\dfrac{5\,875}{36\,288}$	$\dfrac{4\,625}{21\,168}$	$\dfrac{41}{224}$	$\dfrac{4\,625}{21\,168}$	$\dfrac{5\,875}{36\,288}$	$\dfrac{233}{7\,938}$	0

▣ 5.4　多步法数值积分器

单步法可以实现自起步，但计算复杂，每前进一步至少要计算和阶数相同次数的右函数，更高阶时前进一步需计算右函数的次数比阶数更高，以 RKF7（8）为例，每一步积分需要计算 13 次右函数值。在探测器受摄力学模型中，右函数往往包含多种复杂的摄动项，计算复杂，导致使用单步法效率较低。多步法，比如 PECE 每前进一步只需计算两次右函数，但起步时需要已知微分方程在多个点上的函数值。因此，实际中需要单步法和多步法结合，使用单步法进行起步，而后使用多步法对微分方程进行数值计算。下面我们将介绍几种常用的、典型的多步法数值积分器。

5.4.1　Adams 积分器

Adams 积分器分为显式/预测公式（又称为 Adams – Bashforth 公式）和隐式/修正公式（又称为 Adams – Moulton 公式）。和同阶显式公式相比，隐式公式在精度和稳定性方面都更好。实际应用 Adams 方法时，通常是先用显式公式计算出预测值（PE），再用隐式公式对预测值进行修正（CE）。L 阶 Adams 积分器显式与隐式公式分别如下。

1. Adams 显式公式

$$x(t_{n+1}) = x(t_n) + \int_{t_n}^{t_{n+1}} f(t, x(t)) \, \mathrm{d}t \tag{5.22}$$

采用牛顿后差公式把右函数离散化，记为

$$\nabla^j f_n = \sum_{t=0}^{j} (-1)^l \binom{j}{l} f_{n-l} \tag{5.23}$$

其中，∇ 为后向差分算子：

$$\begin{cases} \nabla f_n = \nabla f(x_n) = f(x_n) - f(x_n - h) \\ \nabla^2 f_n = \nabla f(x_n) - \nabla f(x_n - h) = \\ f(x_n) - 2f(x_n - h) + f(x_n - 2h) \\ \cdots\cdots \end{cases} \tag{5.24}$$

函数 f 的向后插值多项式为：

$$P(t) = \sum_{j=0}^{L-1} (-1)^j \binom{-s}{j} \nabla^j f_n \qquad (5.25)$$

这里使用 L 个插值点。辅助变量 s 为：

$$s = \frac{t - t_n}{h} \qquad (5.26)$$

相应的 $\binom{-s}{j}$ 为广义二项式系数，可以写成：

$$\binom{-s}{j} = (-1)^j \binom{s+j-1}{j} \qquad (5.27)$$

代入积分公式得：

$$x_{n+1} = x_n + h \sum_{j=0}^{L-1} \left[\int_{t_n}^{t_{n+1}} \frac{1}{h} (-1)^j \binom{-s}{j} dt \right] \nabla^j f_n \qquad (5.28)$$

$$x_{n+1} = x_n + h \sum_{j=0}^{L-1} \gamma_j \nabla^j f_n \qquad (5.29)$$

其中，

$$\gamma_j = \int_{t_n}^{t_{n+1}} \frac{1}{h} (-1)^j \binom{-s}{j} dt = \int_0^1 \binom{s+j-1}{j} ds \qquad (5.30)$$

进一步化简，写成：

$$X_{n+1} = X_n + h \sum_{i=0}^{L-1} \beta_i f_{n-i} \qquad L = 1,2,\cdots \qquad (5.31)$$

其中，系数可由下式递推得到

$$\beta_i = (-1)^i \sum_{j=i}^{L-1} \binom{j}{i} \gamma_j = (-1) \left[\binom{i}{i} \gamma_i + \binom{i+1}{i} \gamma_{i+1} + \cdots + \binom{L-1}{i} \gamma_{L-1} \right] \quad (5.32)$$

$$\begin{cases} \gamma_0 = 1 \\ \gamma_j = 1 - \sum_{n=1}^{j} \frac{1}{n+1} \gamma_{j-n}, \quad j = 1,2,\cdots,L-1 \end{cases} \qquad (5.33)$$

2. Adams 隐式公式

仿照显示公式的推导方式，我们可以得到隐式公式：

$$X_{n+1} = X_n + h \sum_{i=0}^{L-1} \beta_i^* f_{n-i+1} \qquad L = 1,2,\cdots \tag{5.34}$$

其中，系数可由下式递推得到

$$\beta_i^* = (-1)^i \sum_{j=i}^{L-1} \binom{j}{i} \gamma_j^* = (-1) \left[\binom{i}{i} \gamma_i^* + \binom{i+1}{i} \gamma_{i+1}^* + \cdots + \binom{L-1}{i} \gamma_{L-1}^* \right] \tag{5.35}$$

$$\begin{cases} \gamma_0^* = 1 \\ \gamma_j^* = -\sum_{n=1}^{j} \frac{1}{n+1} \gamma_{j-n}^*, \quad j = 1,2,\cdots,L-1 \end{cases} \tag{5.36}$$

5.4.2 Cowell 积分器

1910 年，Cowell 和 Crommelin 在预报哈雷彗星的回归轨道计算中提出了 Cowell 方法，可用于直接求解二阶微分方程的数值解，而不需先将二阶微分方程化为一阶方程组再进行计算。Cowell 方法中微分方程右函数中不含有速度项 V，常用于一些不需考虑运动速度的轨道问题。这比化成一阶方程再用 Adams 方法要简便。

$$\begin{cases} \ddot{x} = f(x,t) \\ x(t_0) = x_0 \\ \dot{x}(t_0) = \dot{x}_0 \end{cases} \tag{5.37}$$

与 Adams 方法类似，Cowell 方法也有显式和隐式形式，显式公式称为 Störmer，隐式公式称为 Cowell 公式。在实际应用时，也是先用显式公式计算出预测值，再用隐式公式对预测值进行修正。下面以上述动力学公式为例，给出积分推导过程。

1. Cowell 显式公式

$$\dot{x}(t) = \dot{x}(t_n) + \int_{t_n}^{t} f(t,x(t)) \mathrm{d}t \tag{5.38}$$

对积分两端分别向前、后积分一步：

$$x(t_{n+1}) = x(t_n) + h\dot{x}(t_n) + \int_{t_n}^{t_{n+1}} \int_{t_n}^{t} f(t,x(t)) \mathrm{d}t^2 \tag{5.39}$$

$$x(t_{n-1}) = x(t_n) - h\dot{x}(t_n) + \int_{t_n}^{t_{n-1}} \int_{t_n}^{t} f(t,x(t)) \mathrm{d}t^2 \tag{5.40}$$

两式相加消去一阶导得：

$$x(t_{n+1}) - 2x(t_n) + x(t_{n-1}) = \int_{t_n}^{t_{n+1}} \int_{t_n}^{t} f(t, x(t)) \, \mathrm{d}t^2 + \int_{t_{n-1}}^{t_n} \int_{t_n}^{t} f(t, x(t)) \, \mathrm{d}t^2 \qquad (5.41)$$

类似 Adams 公式的推导，再利用插值多项式代替被积函数，这样可以导出离散化数值公式：

$$x_{n+1} = 2x_n - x_{n-1} + h^2 \sum_{l=0}^{L-1} \beta_i f_{n-l}, \qquad L = 1, 2, \cdots \qquad (5.42)$$

$$\beta_i = (-1)^i \sum_{j=i}^{L-1} \binom{j}{i} \gamma_j = (-1) \left[\binom{i}{i} \gamma_i + \binom{i+1}{i} \gamma_{i+1} + \cdots + \binom{L-1}{i} \gamma_{L-1} \right] \qquad (5.43)$$

其中，系数可由下式递推得到：

$$\begin{cases} \gamma_0 = 1 \\ \gamma_m = 1 - \sum_{n=1}^{m} \left(\dfrac{2}{n+2} h_{n+1} \right) \gamma_{m-n}, \qquad m = 1, 2, \cdots, L-1 \end{cases} \qquad (5.44)$$

其中，h_i 是调和级数前 i 项和，即

$$h_i = 1 + \frac{1}{2} + \frac{1}{3} + \cdots + \frac{1}{i} = \sum_{j=1}^{i} \frac{1}{j} \qquad (5.45)$$

2. Cowell 隐式公式

同理，可以给出 Cowell 隐式公式：

$$x_{n+1} = 2x_n - x_{n-1} + h^2 \sum_{l=0}^{L-1} \beta_i f_{n+1-l}, \qquad L = 1, 2, \cdots \qquad (5.46)$$

$$\beta_i^* = (-1)^i \sum_{j=i}^{L-1} \binom{j}{i} \gamma_j^* = (-1) \left[\binom{i}{i} \gamma_i^* + \binom{i+1}{i} \gamma_{i+1}^* + \cdots + \binom{L-1}{i} \gamma_{L-1}^* \right]$$

$$(5.47)$$

$$\begin{cases} \gamma_0^* = 1 \\ \gamma_m^* = - \sum_{n=1}^{m} \left(\dfrac{2}{n+2} h_{n+1} \right) \gamma_{m-n}^*, \qquad m = 1, 2, \cdots, L-1 \end{cases} \qquad (5.48)$$

在实际应用中，与 Adams 类似，隐式公式常与显示公式联合使用，即由显式公式提供一个近似值 $x_{n+1}(0)$ 即预估（PE），再用隐式公式进行校正（CE），得到所需要的 x_{n+1} 值，称为预估–校正法（PECE）。

图 5–1 给出了步长分别选为 5 s、10 s、30 s、60 s 时，用 12 阶 Cowell 方法积分出的轨道位置与用解析法计算出的位置之差。卫星初始轨道参数设置为近火

点高度 2 000 km，偏心率 0.01，倾角 89°，升交点赤经 30°，近地点角距 50°，平近点角 10°，起步方法采用 8 阶 Runge – Kutta 法，积分弧长为 24 h。

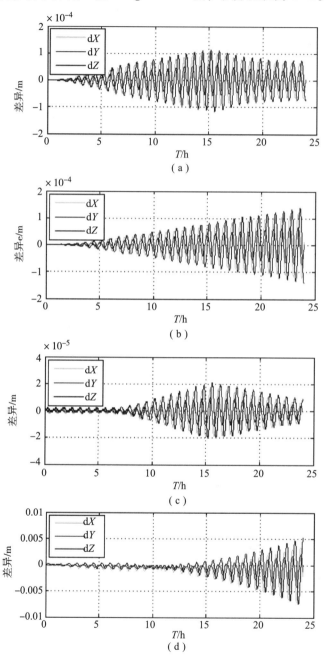

图 5 – 1 12 阶 Cowell 方法取不同步长时的积分效果（附彩插）

（a）$h = 5$ s；（b）$h = 10$ s；（c）$h = 30$ s；（d）$h = 60$ s

5.4.3　Adams – Cowell 积分器

Adams – Cowell 积分器是常用的组合积分器，结合了 Adams 和 Cowell 两个积分器的特点。在求解探测器轨道动力学方程时，也常常需要将 Adams 方法和 Cowell 方法配合使用，使用 Adams 方法计算卫星速度，使用 Cowell 方法不经过积分速度直接计算卫星位置，这种方法称为 Adams – Cowell 方法。

5.4.4　KSG 积分器

KSG（Krogh – Shampine – Gordon）积分器是在 Adams – Cowell 方法基础上改进的一种定阶、定步长多步积分器。KSG 积分器的校正过程计算简单，可以改善舍入误差，明显提高了计算效率。现在普遍使用 Adams – Cowell 方法和 KSG 方法对小偏心率轨道进行积分，但是使用 KSG 方法的计算时间仅为使用 Adams – Cowell 方法的 3/4。KSG 积分器的校正公式简单，其缺点是随着阶数的增高，校正效果变差。此外，在 Adams – Cowell 积分器中消去了 $\dot{x}(t_n)$，但在 KSG 积分器中保留了 $\dot{x}(t_n)$，导致位置量的计算不同。略去推导过程，直接给出 L 阶 KSG 方法的显式和隐式公式如下。其中，$\boldsymbol{a}$，$\boldsymbol{V}$，$\boldsymbol{P}$ 分别表示卫星的三维加速度、速度和坐标向量。

1. KSG 预估公式

$$\begin{cases} \overline{\boldsymbol{P}}_{n+1} = \overline{\boldsymbol{P}}_n + h\boldsymbol{V}_n + h^2 \sum_{i=0}^{L-1} \alpha_{i+1}^* a_{n-i} \\ \overline{\boldsymbol{V}}_{n+1} = \boldsymbol{V}_n + h \sum_{i=0}^{L-1} \beta_{i+1}^* a_{n-i} \qquad L = 1,2,\cdots \\ \overline{\boldsymbol{a}}_{n+1} = f(\overline{\boldsymbol{P}}_{n+1}) \end{cases} \qquad (5.49)$$

2. KSG 校正公式

$$\begin{cases} \boldsymbol{P}_{n+1} = \overline{\boldsymbol{P}}_{n+1} + h^2 \alpha_{L+1} (\overline{\boldsymbol{a}}_{n+1} - d) \\ \boldsymbol{V}_{n+1} = \overline{\boldsymbol{V}}_{n+1} + h\beta_{L+1} (\overline{\boldsymbol{a}}_{n+1} - d) \qquad L = 1,2,\cdots \\ \boldsymbol{a}_{n+1} = f(\boldsymbol{P}_{n+1}) \end{cases} \qquad (5.50)$$

KSG 预估公式和校正公式中所用到的系数可由下式计算得到

$$\begin{cases} g_{1,2} = \dfrac{1}{2}, g_{1,1} = 1 \\ \alpha_i = g_{i,2}, \beta_i = g_{i,1} \end{cases} \qquad i = 1,2,\cdots,L+1 \qquad (5.51)$$

$$\begin{cases} g_{1,j} = \dfrac{1}{j!} \\ g_{i,j} = g_{i-1,j} - \left(\dfrac{j}{i-1}\right)g_{i-1,j+1} \end{cases} \qquad j = 1,2,3,\cdots,L+2 \quad i = 2,3,\cdots,L+1 \qquad (5.52)$$

$$\alpha_{i+1}^* = (-1)^i \sum_{j=i+1}^{L} \binom{j-1}{i}\alpha_j = (-1)\left[\binom{i}{i}\alpha_{i+1} + \binom{i+1}{i}\alpha_{i+2} + \cdots + \binom{L-1}{i}\alpha_L \right]$$

$$(5.53)$$

$$\beta_{i+1}^* = (-1)^i \sum_{j=i+1}^{L} \binom{j-1}{i}\beta_j = (-1)\left[\binom{i}{i}\beta_{i+1} + \binom{i+1}{i}\beta_{i+2} + \cdots + \binom{L-1}{i}\beta_L \right]$$

$$(5.54)$$

校正公式中的 d 按下式计算:

$$\begin{cases} d = \displaystyle\sum_{i=0}^{L-1} \gamma_{i+1}^* \bar{a}_{n-i} \\ \gamma_{i+1}^* = (-1)^i \displaystyle\sum_{j=i+1}^{L} \binom{j-1}{i} \\ \quad\quad = (-1)^i \left[\binom{i}{i} + \binom{i+1}{i} + \cdots + \binom{L-1}{i} \right] \end{cases} \qquad (5.55)$$

5.4.5　Gauss – Jackson 积分器

Gauss – Jackson 积分方法也是基于 Admas – Cowell 方法修改得来的, 也是一种直接解算二阶微分方程的定步长、多步积分方法。下面列出 L 阶 Gauss – Jackson 预估及校正公式。

预估公式:

$$\bar{\boldsymbol{P}}_{n+1} = h^2 \sum_{i=0}^{L+1} \delta_i \, \nabla^{i-2} \boldsymbol{a}_n \qquad L = 1, 2, \cdots$$

$$\bar{\boldsymbol{V}}_{n+1} = h \sum_{i=0}^{L} \gamma_i \, \nabla^{i-1} \boldsymbol{a}_n \qquad L = 1, 2, \cdots \tag{5.56}$$

$$\bar{\boldsymbol{a}}_{n+1} = \bar{\boldsymbol{P}}_{n+1}$$

校正公式：

$$\boldsymbol{P}_{n+1} = \bar{\boldsymbol{P}}_{n+1} + h^2 \delta_{L+1} \, \nabla^{L-2} \bar{\boldsymbol{a}}_{n+1} \quad L = 1, 2, \cdots$$

$$\boldsymbol{V}_{n+1} = \boldsymbol{V}_{n+1} + h \gamma_L \, \nabla^{L-1} \bar{\boldsymbol{a}}_{n+1} \quad L = 1, 2, \cdots \tag{5.57}$$

$$\boldsymbol{a}_{n+1} = \boldsymbol{P}_{n+1}$$

上述式子中的系数 δ 与 $\delta *$ 的计算方式同 Cowell 方法中关于 β 与 $\beta *$ 的计算方式相同；γ 与 $\gamma *$ 的计算方式同 Adams 方法中 γ 与 $\gamma *$ 的方式相同。差分算子递推公式为：

$$\begin{cases} \nabla^0 a_k = a_k \\ \nabla^i a_k = \nabla^{i-1} a_k - \nabla^{i-1} a_{k-1} \end{cases} \tag{5.58}$$

正向差分算子容易由上式计算，而后向差分算子 $\nabla^{-1} \boldsymbol{a}_n$ 和 $\nabla^{-2} \boldsymbol{a}_n$ 的计算则较复杂：

$$\nabla^{-1} \boldsymbol{a}_n = \frac{1}{h} V_n + \sum_{j=0}^{L-2} (\gamma_j - \gamma_{j+1}) \, \nabla^j \boldsymbol{a}_n + \gamma_{L+1} \, \nabla^{L-1} \boldsymbol{a}_n$$

$$\nabla^{-2} \boldsymbol{a}_{n-1} = \frac{1}{h^2} \boldsymbol{P}_n + \sum_{j=0}^{L-2} (\delta_{j+1} - \delta_{j+2}) \, \nabla^j \boldsymbol{a}_n + \delta_L \, \nabla^{L-1} \boldsymbol{a}_n \tag{5.59}$$

$$\nabla^{-2} \boldsymbol{a}_n = \nabla^{-1} \boldsymbol{a}_n + \nabla^{-2} \boldsymbol{a}_{n-1}$$

校正公式差分算子与上述预估式中算法相同。8 阶 Gauss – Jackson 方法中的差分算子递推形式如图 5 – 2 所示。已有研究表明，Gauss – Jackson 的积分精度一般比同阶 Adams – Cowell 高，但由于其计算公式中包含后向差分算子，目前还很难得到它的变步长形式。

▇ 5.5　变阶变步长数值积分器

多步法往往需要利用变阶次、多步算法来实现自起步。正如前面小节介绍

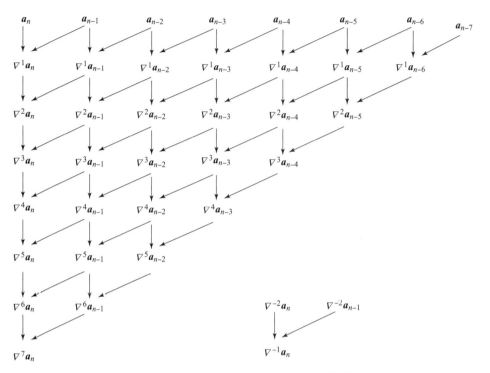

图 5-2　8 阶 Gauss - Jackson 方法中差分算子递推图

的，微分方程解也可以采用定步长计算，即在一系列等距时间点上计算，但在某些情况下需要使用变步长方法。实现变步长的最简单方法是直接修改当前步长时停止积分，并为另一个步长计算新的起始值（如 Runge - Kutta 方法），也可以采用上述介绍的插值公式来找到一组新的起始值。Adams 方法是比较灵活的解决方案，在任意步长的情况下，用于计算 t_{i+1} 处解的 m 阶积分器公式可以写为

$$\boldsymbol{\eta}_{i+1} = \boldsymbol{\eta}_i + (t_{i+1} - t_i) \cdot \sum_{j=0}^{m-1} g_j(i)\boldsymbol{\phi}_j(i) \tag{5.60}$$

其中，g_j 参数为

$$g_j(i) = \frac{1}{t_{i+1} - t_i} \int_{t_i}^{t_{i+1}} \prod_{l=0}^{j-1} \frac{t - t_{i-l}}{t_{i+1} - t_{i-l}} dt \tag{5.61}$$

对应于固定步长公式的系数 $\boldsymbol{\gamma}_j$，有：

$$\boldsymbol{\phi}_j(i) = \prod_{l=0}^{j-1} (t_{i+1} - t_{i-l}) \cdot \boldsymbol{f}[t_i, \cdots, t_{i-j}] \tag{5.62}$$

替换后向差异 $\nabla^j f_i$，表达式 $f[t_i, \cdots, t_{i-j}]$ 被称为除差，是使用牛顿公式对一

般插值多项式的结果。递推公式为

$$f[t_i] = f_i$$

$$f[t_i, t_{i-1}] = \frac{f_i - f_{i-1}}{t_i - t_{i-1}}$$

$$f[t_i, t_{i-1}, t_{i-2}] = \frac{f[t_i, t_{i-1}] - f[t_{i-1}, t_{i-2}]}{t_i - t_{i-2}}$$

(5.63)

对于恒定步长 h，公式可以写为

$$f[t_i, \cdots, t_{i-j}] = \frac{1}{h^j} \nabla^j f_i$$

(5.64)

系数 $g_j(i)$ 和 $\phi_j(i)$ 及相应的校正公式系数可以递推计算出来，这对于有效执行可变阶积分方法至关重要。对于阶数和步长选择，需要估计当前使用阶数的误差及相邻阶数的预期误差。基于当前误差估计和当前阶计算新的步长。值得注意的是，由于步长的变化需要增加计算系数 $g_j(i)$ 的工作量，因此只有新步长比当前步长存在至少两倍差异时，才会改变步长。

变阶变步长方法不需要启动过程。从一阶和一个小初始步长开始，阶数和步长都可以在几个步骤过后调整到最佳值。DVDQ 是由 Krogh（1969，1974）在喷气推进实验室开发的，是最早可变阶变步长的算法。DVDQ 已被用于太阳系星历 DE102 的数值积分。DE/DEABM 是同类中最流行的方法之一，其理论背景可以阅读 Shampine & Gordon（1975），Watts & Shampine（1986）对插值程序做了进一步提升。VOAS 是 Sedgwick（1973）开发的变阶变步长多步算法，除了不同的实现外，它的特性和性能类似于 DE/DEABM。Hall & Watts 的预测器－校正器方法——在 NAG Fortran 库中实现为 D02CJF——提供类似于 DE/DEABM 的密集输出插值。

参考文献

［1］GONZALEZ A B，MARTIN P. A note concerning Gauss – Jackson method ［J］. Extracta Mathematicae，1996，11（2）：255 – 260.

［2］FEHLBERG E. Classical eighth – and lower – order Runge – Kutta – Nystroem formulas with a new stepsize control procedure for special second – order differential equations, NASA – TR – R –410 ［R］. WASHINGTON, D. C：JPL, 1973.

［3］ FEHLBERG E. Classical Fifth – , Sixth – , Seventh – , and Eighth – order Runge – Kutta formulas with stepsize control, NASA – TR – R – 287 ［R］. WASHINGTON, D. C：JPL, 1968.

［4］ GOODING R H. A procedure for the solution of Lambert's orbital boundary – value problem ［J］. Celestial Mechanics and Dynamical Astronomy, 1990, 48（2）：145 – 165.

［5］ PRINCE P J, DORMAND J R. High order embedded Runge – Kutta formulae ［J］. Journal of Computational and Applied Mathematics, 1981, 7（1）：67 –75.

［6］ TRUSSING J E. A class of optimal Two – Impulse rendezvous using Multiple – Revolution lambcrt solutions ［J］. The Journal of the Astronautical Sciences, 2000, 48（2）：131 –148.

［7］ BERRY M M, HEALY L M. Implementation of Gauss – Jackson integration for orbit propagation ［J］. The Journal of the Astronautical Sciences, 2004, 52（3）：331 –357.

［8］ OLIVER M, EBERHARD G. Satellite orbits：models, methods, applications ［M］. Berlin：Springer Verlag, 2012.

［9］ XU G. GPS theory, algorithms and applications ［M］. Heidelberg：Springer, 2007.

［10］ WU Z G, YANG J Z, PENG H J, et al. A multiplicative perturbation method for satellite orbit prediction based on symplectic property ［J］. SCIENTIA SINICA Technological, 2016, 46（12）：1232 –1241.

［11］ 付兆萍. 卫星轨道运动方程数值算法研究 ［D］. 武汉：华中科技大学, 2006.

［12］ 洪樱, 欧吉坤, 罗孝文. Collocation – PECE 算法在低轨卫星精密定轨中的应用 ［J］. 大地测量与地球动力学, 2007, 27（4）：72 –76.

［13］ 黄天衣. 各种精密星历数值积分方法间的比较 ［J］. 天文学进展, 1990, 8（3）：222 –229.

［14］李得海，袁运斌，欧吉坤，等 . 12 阶 Runge－kutta 2 次算法的卫星轨道积分研究［J］. 武汉大学学报·信息科学版，2010，35（11）：1335－1338.

［15］李济生 . 人造卫星精密轨道确定［M］. 北京：解放军出版社，1995

［16］李有法 . 数值计算方法［M］. 北京：高等教育出版社，1996.

［17］刘承志，崔斗星 . 天文动力学方程数值积分中的一种有效变步法［J］. 天文学报，2002，43（4）：387－390.

［18］刘林，廖新浩 . 关于数值求解天体运动方程的几个问题［J］. 天文学报，1997，38（1）：75－85.

［19］刘林 . 航天器轨道理论［M］. 北京：国防工业出版社，2000.

［20］南京大学数学系计算数学专业编 . 常微分方程数值解法［M］. 北京：科学出版社，1979.2

［21］王威，于志坚 . 航天器轨道确定——模型与算法［M］. 北京：国防工业出版社，2007.1

［22］张舒阳 . 卫星轨道方程的数值积分方法［D］. 长沙：国防科技大学，2009.

［23］朱方生，李大美，李素贞 . 计算方法［M］. 武汉：武汉大学出版社，2003.

第 6 章
测量技术与观测量的归算

　　我国自首颗人造卫星"东方红一号"发射以来，完成数百次导弹试验、卫星和深空任务，已经逐步建立了比较完备的陆、海、天基测控网，有力保障了空间探测活动的开展。深空探测器有别于近地卫星，测控资源较少，探测器轨道确定一般需要借助航天测控网的跟踪测量数据。值得一提的是，在近二十年探月工程的推动下，我国逐步建成了完整的深空测控网，具有完备的行星际深空测控能力。此外，2020 年我国自主搭建的全球导航系统"北斗三号全球卫星导航系统"，目前已经正式开通，系统运行稳定、形成全球覆盖能力，可以持续为全球用户提供优质服务。本章主要针对我国测控网、测量技术、观测值构造等进行介绍，并详细讲解测量数据的处理方法。

■ 6.1 国内外测控系统的建设

6.1.1 国外测控系统

　　20 世纪 60 年代初，JPL 开展了统一测控系统的研究，提出了统一 S 频段（Unified S – Band，USB）系统的概念，因其具有诸多优点而迅速在空间测控领域得到了广泛使用。1979 年，世界无线电管理会议决定以 S 频段作为空间业务频段，以促进 USB 技术的发展。后来，USB 技术进一步被纳入国际空间数据咨询委员会标准，为世界大多数航天国家所接受。USB 的特点可以总结如下。

　　（1）采用统一的载波，将跟踪测轨、遥测遥控、电视语音信号通过多个副载波形式调制在主载波上，用频分制实现测控与通信的统一，避免了多个分离式设备带来的兼容性问题，简化了地面设备的操作与维护。

（2）载波使用 S 频段，有利于提高测量精度，满足多副载波调制时带宽的要求。

（3）采用伪随机码测距技术，解决了远距离测量的模糊度问题。

美国深空探测任务中，JPL 负责开发、管理、维护的深空网（Deep Space Network，DSN）起着"天地连接"的作用。美国 DSN 始建于 1958 年，目前已经完成全球部署。美国在加利福尼亚的戈尔德斯敦、澳大利亚堪培拉和西班牙马德里布设了三个深空通信站，三站经度正好相隔约 120°，在加州帕萨迪那设有控制中心，以及加州帕萨迪那附近和佛罗里达肯尼迪角布设了测试天线，如图 6 – 1 所示。DSN 工程建设标志着美国具备了世界优秀的深空测控通信能力，这也使其在无线电外测、雷达及射电天文、射电科学等方面取得了诸多举世瞩目的科学成就。

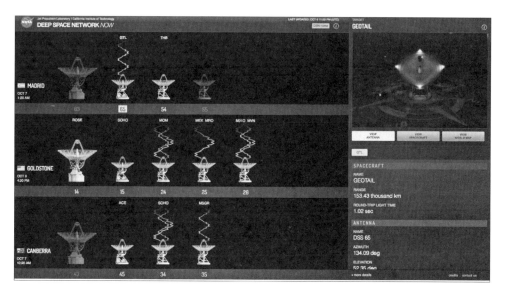

图 6 – 1　美国深空网

苏联为完成"金星 – 1"探测计划，研制了第一代深空测控系统，该系统由两个站组成，工作频段为 900/700 MHz。两个测站布置在辛菲罗波尔和叶夫帕托里亚（乌克兰），分别布置了 25 m 天线和 8 个直径为 8 m 的天线组阵。1972 年，第一阶段金星研究计划结束后，深空测控系统也停止使用。第二代测控系统在 1970 年研制完成，增加了 6 GHz 的工作频段，并在叶夫帕托里亚和乌苏里斯克分别建造了 32 m 和 70 m 深空天线。20 世纪 70 年代中期，研制了第三代深空无线电测控系统，工作频段覆盖了 900/700 MHz 与 5/6 GHz，测量精度得到了大幅提升，其多普勒测速精度在 0.5 mm/s 水平（1s 积分周期）。

ESA 主导的测控网于 1968 年开始运行，主要用于近地大倾角卫星测控，测控设备工作在 VHF 频段，目前拥有三个深空站，分别位于澳大利亚新诺舍、西班牙马德里附近的赛布莱诺思和阿根廷马拉基。ESA 于 1986 年成功研制并启用 USB 测控系统，主要用于支持地球同步卫星及高轨卫星的发射段和在轨运行期间的测控。2002 年 10 月，澳大利亚珀斯附近新诺舍的 35 m 深空站建成并投入使用。金星快车和火星 MEX 任务的测轨主要依赖于 S 和 X 波段的双程和三程多普勒，S 和 X 波段多普勒测量噪声分别约为 1.2 mm/s 和 0.2 mm/s（1 s 积分间隔）。为适应水星探测任务 BepiColombo 的需求，ESA 计划建设更多的深空站，并增加差分 DOR（Differential One-way Ranging）测量数据。

日本的深空跟踪网由鹿儿岛站、臼田站和相模原控制中心构成。臼田站建有 64 m 的 S/X 双频段天线和 1 副 10 m 的 Ku 频段天线，64 m 天线接收站的最大可测距离达 4.5×10^9 km，测距精度漂移误差和随机误差小于 2 m，多普勒测速精度在 0.3 mm/s 以下。

6.1.2　我国地基测控系统的建设

我国在 20 世纪 60 年代建立了最初的航天测控系统，包括卫星测控中心与 7 个测控站，实现了从无至有的跨越，完成了我国第一颗人造地球卫星——"东方红一号"的跟踪测轨任务。我国在 70 年代就提出了航天测控网的概念，根据当时国情提出测控网的建设需要满足多个条件：测控设备布局适应多场区、多射向、多弹道飞行试验特点和不同发射倾角、不同运行轨道卫星测控要求。最终在已有的测控、通信能力的基础上，逐步建成一个布局合理、适应性强的航天测控网。90 年代初，为适应载人航天任务的特殊需求，我国开始建设新一代航天测控网，逐步建立了陆、海基统一 S 频段测控网。

我国陆基测控网由分布于国内外的数十个测控站组成，采用的跟踪测量设备主要包括光学测量系统、脉冲雷达测量系统、连续波干涉仪测量系统和统一 S 频段测控系统。陆基测控网对空间目标的观测类型包括距离测量、距离变率测量及角度测量。

我国海基测控网由多艘远洋测量船构成，目前服役的有 4 艘测量船。测量船采用的跟踪测量设备主要为统一 S 频段测控系统，其观测类型包括距离、距离变率及角度测量。不同于陆基测量信息的是，测量船测量被测目标是在动态条件下完成的，设备的位置与姿态处于不断变化中，必须在测量设备跟踪被测目标的同时，对船的位置与姿态进行同步测量，测量数据的使用需要进行船位与船姿的修正。受限于目前的测控现状和境外布站的局限，测量船在未来一段时期内仍将发挥不可替代的作用。

随着我国探月工程的逐步深入展开，中国深空测控网（China Deep Space Network，CDSN）的建设步伐将不断加快。目前，中国深空测控网由 3 个深空测控站和 1 个深空探测任务中心组成。我国在 2012 年初步建成中国深空测控网，包括新疆喀什和黑龙江佳木斯 2 个国内站；2016 年完成中国深空探测网国外站部分的建设。深空探测任务中心将由北京航天飞行控制中心承担建设。喀什站天线口径为 35 m，具备 S/X 频段的测控能力；佳木斯安装口径为 66 m 的测控天线，具备 S、X 和 Ka 三个频段功能的测控天线；同时在南美建设第三个拥有大口径天线的深空测控站。值得一提的是，2012 年，我国深空站在测试阶段就投入了"嫦娥二号"小行星探测试验的测控任务，为小行星的飞越、拍照成像提供了有利的支持。这三个深空测控站构成的三站联网的深空探测网，将用于支持我国将来的载人登月、火星探测和其他深空探测任务。

中国科学院建有主要用于天文测量的 VLBI 网（Chinese VLBI Network，CVN）。该测控网包括上海天马（65 m）、北京（50 m）、昆明（40 m）与乌鲁木齐（25 m）4 个测控站，以及位于上海的数据处理中心。该测控网组网工作时相当于综合口径为 3 000 多 km 的巨大望远镜，具有极高的角分辨率，如图 6 - 2 所示。在我国探月工程中，CDSN 和 CVN 配合共同完成了月球探测器的测定轨工作。

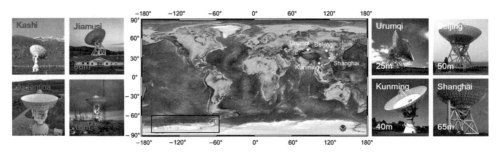

图 6-2　CVN 和 CDSN 站点分布

▣ 6.2　光学测量技术

光学测量技术早期采用的是照相方法，至 20 世纪 90 年代后期逐步被光学电荷耦合元件（Charge-Coupled Device，CCD）所取代。CCD 技术使仪器性能在观测星等、跟踪效率和测量精度等方面得到了大幅提升，使光学跟踪技术得到了飞跃发展。利用光学手段对空间目标进行跟踪，光照条件是首要问题。空间目标自身不会发光，因而需要被太阳照亮，光电望远镜再通过接收目标反射的可见光（或红外）进行测量。光电观测的主要弱点是不能全天候观测，目标在阴影中无法观测，测站在白天也不能观测。目前，在光照条件下也可采用一些新的技术进行观测，主要技术包括利用滤光片技术消减白天的背景或者采用背景辐射较小的红外波段。但是采用这些技术手段对目标的星等会有很大的限制，因而通常对空间目标的观测不在白天开展。

光学望远镜主要由望远镜机架、镜筒、探测器、控制采集设备及数据记录设备等构成，如图 6-3 所示。实施跟踪时，望远镜计算机系统根据预报位置计算引导数据，引导望远镜驱动系统跟踪目标，采集 CCD 图像，采集码盘数据和时标，一并给出轴系定位结果。对于天文定位系统，在处理 CCD 图像时，还必须给出背景恒星位置，通过目标与定标星的相对位置和定标星的星表位置，给出目标的赤经、赤纬。

不同光学望远镜所获取的观测数据类型也是不同的，地平式轴系定位系统获取的是方位角、仰角，而天文定位系统获取的是赤经与赤纬观测量。望远镜的跟

图 6-3　光学望远镜

踪能力与 CCD 图像的信噪比密切相关，提高跟踪能力的方法主要包括：①扩大望远镜的有效口径；②延长曝光时间；③提升图像处理能力。

6.3　激光测距技术

光在真空中的传播速度是恒定的，通过测量激光发射与接收时刻的差异即可精确测量两者之间的距离，称为激光测距。1964 年，NASA 的 Beacon‑B 卫星首次试验了卫星激光测距（Satellite Laser Ranging，SLR）技术。随后，激光测量技术不断发展，SLR 的测量精度得到了大幅提升，从早期数米的精度水平提升至目前几个毫米的水平，并且越来越多的卫星安装有激光反射镜进行激光测卫，国际上已经有超过 40 个激光测控站用于开展卫星激光测距。

激光测距发展至今经历了近 50 个年头，除通常的激光测卫外，还应用于测月技术。激光测距（Lunar Laser Ranging，LLR）资料的积累对天文地球动力学、地月科学、月球物理学和引力理论等诸多学科的研究有着重要的价值。与激光测卫技术相比，激光测月（图 6-4）有以下难点：①地月距离远，光信号传播到月球会变得非常弱，而回波更弱；②对月面激光反射器进行跟踪需要极高的准确度，不能低于 1 角秒；③LLR 观测时，需要在繁杂的星空背景下，要探测和过滤出微弱的激光回光，可观测弧段有限。1969 年，美国 Apollo 成功登月，并放置了激光发射器。随后，美国 Lick 天文台与 McDonald 天文台开展了激光测月技术的研究，并成功接收到回波信号。月面现有 5 个激光反射器，包括美国的 Apollo 11、Apollo 14 与 Apollo 15，以及苏联放置的 Lunakhod 1 与 Lunakhod 2。Lunakhod 1 曾一度丢失，但是 Apache Point 于 2010 年 4 月成功重新获取了该反射器的回波信号。

图 6 - 4　激光测月示意图

根据激光传播时间测量方式的不同，激光测距可以分为相位式测距和脉冲式测距两种方式。相位式激光测距仪是用无线电频段的频率对激光束进行幅度调制并测定调制光往返一次所产生的相位延迟，再根据调制光的波长换算此相位延迟所代表的距离。但是，在实际测量中，相位变化的整周期数无法确定，因此存在模糊度问题。

图 6 - 5 为相位式激光测距的基本原理图，其本质是测量激光发射与接收时刻的相位差，再通过波长将相差转换为距离，最后结合模糊度获取激光往返的距离。相位式激光测距仪一般应用在精密测距中，其精度一般可达毫米量级。

脉冲式激光测距仪发出激光束，经测量目标反射后再由测距仪接收，通过记录激光脉冲的往返传播时间实现测距测量，激光脉冲的往返传播时间由距离计数器测量。距离计数器的开门信号为激光主播采样信号，对应的关门信号为激光回

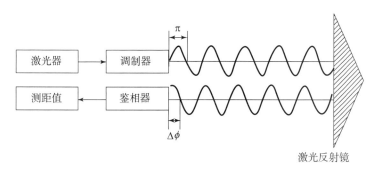

图 6 - 5　相位式激光测距原理图

波信号，激光脉冲的往返传播时间可根据距离计数器在开、关门信号之间计数值求得。脉冲激光测量的典型波长为 532 nm，激光脉冲通过望远镜发出并被反射镜反射，最终由望远镜接收反射脉冲，高速光电探测器可以在 20 ps 的时间精度内进行计数，折合为单程精度约为 3 mm。

　　影响激光测距精度的误差源包括以下几个方面：脉冲式激光测距仪测量的是激光脉冲的往返传播时间，其与计数器的时间分辨率相关，如果计数器的计时误差为 $\Delta\tau$，那么其测量误差为 $c \cdot \Delta\tau$；激光脉冲前沿具有一定的宽度，计数器开关触发点的位置变化也将引入测距误差，不同触发方式引入的误差也不同；此外，由于激光脉冲在空中传播过程的衰减与畸变，导致接收的光脉冲与发射的光脉冲在幅度和形状上不一致，给严格确定脉冲到达时刻带来困难，由此引起的误差称为漂移误差；光波穿过大气层时，大气折射也将影响其传输的路径，引入误差。在 SLR 测量中，为了减少散射引入的误差，通常使用标准点数据（Normal Point Data，NPD），即对一定时间范围内的多个测距值进行平均，这将使 SLR 的 RMS 值降低约 4 倍。

■ 6.4　天基测量技术

　　海陆基测量系统无法对中低轨航天器进行高覆盖。苏联自 20 世纪 60 年代起，利用其辽阔的领土优势，先后建立 7 个测控站和一支海基测量船队，但其载人飞船的测控覆盖率仅能达到 25% 左右。美国于 20 世纪 60 年代在本土和海外建立了 20 多个测站组成的地基测控网，并配合海基测量船队与空基测量飞机，还在海外大范围设立测控站以解决测控通信的覆盖率问题，在"阿波罗"任务的实施中能实现约 30% 的测控覆盖率。为解决中低轨航天器的测控覆盖问题，1964 年，美国科学家麦卡恩提出了利用地球同步静止轨道卫星的转发功能进行测控的"中继测量"概念。1974 年，美国哥达德航天中心与喷气推进实验室就开展了"跟踪与数据中继卫星系统"相关试验星测试；1984 年 4 月 4 日，美国发射了 TDRS – 1 卫星。中继卫星系统的主要用户是中低轨的各类航天器，尤其是要求有高轨道覆盖率的载人航天器和高数传用户星。值得一提的是，美国、俄罗斯和欧洲建立了 GPS、格洛纳斯和伽利略等全球卫星定位系统，我国的北斗导航卫星系统也已经全面建成，可以实现全球导航，也具备天基测量的功能。

6.4.1　中继卫星系统

中继卫星系统是典型的天基测量技术应用之一，它有较高的地面覆盖率，可转发地基测控站对中低轨航天器的跟踪测控信号，并对中、低轨航天器发回地面的数据、图像、话音等信息进行实时连续中继。自 20 世纪 80 年代以来，美国等诸多国家竞相发展以中继卫星系统为核心的航天通信测控网。

1. 中继卫星系统的发展与特点

美国中继卫星系统分为军用与民用两类：军用系统称为卫星数据系统（Satellite Data System，SDS），从 20 世纪 70 年代开始建设，目前已经发展至第三代，是美国军事空间信息网的重要组成部分，但是相关公开资料较少；民用系统即为常说的 TDRSS（图 6 – 6），使用 TDRS 卫星。美国第一代 TDRS 星上有两个单通道天线、一个 S 频段多址相控天线、一个 2 m 的 Ka 频段天线、一个 S 频段圆锥天线，以及用于商业通信的一个 C 频段天线和一个 0.6 m 的 K 频段天线。2002 年，美国发射了第二代的 TDRS – H、I、J 共 3 颗卫星，现在共有 9 颗 TDRS 卫星在轨工作。第二代 TDRS 卫星在外形上与第一代卫星的结构基本类似，但功能上有所改进，大幅增强了 S 频段多址能力，增加了 Ka 频段高速数据率业务，增加了卫星自主操作能力，提高了下行链路的质量。在地面终端站方面也得到了增强，增加了第二代 TDRSS 地面终端站与关岛远方终端站。TDRSS 系统多颗卫星配置的特征为其提供了强大的相互备用及通信扩容功能。

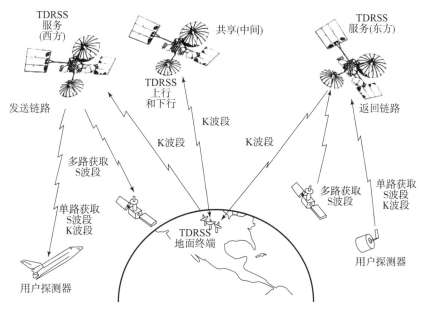

图 6 – 6　美国 TDRSS 概貌

欧空局 1989 年决定发展数据中继卫星，但在 1992 年由于航天规划的调整该计划一度终止。1993 年，国际空间站发展出现了变化，欧空局决定恢复中继卫星计划，定名为数据中继卫星（DRS）。欧空局分别于 1999 年与 2003 年发射了 2颗中继卫星，采用了可同时在 S 与 Ka 频段的相控阵天线，多址阵元前向链路为24 个，反向链路为 48 个。根据需要，DRS 可以实现三种轨道间的链路配置：①两条 S 频段轨道间链路和一条光学轨道间链路；②一条 S 频段轨道见链路，一条 Ka 频段轨道间链路和一条光学轨道间链路；③两条 Ka 频段轨道间链路和一条光学轨道间链路。DRS 系统中，从地面到卫星馈电链路的所有信号均通过星上固定的馈电链路天线（EFLA）和可控的馈电链路天线（SFLA）接收，在 DRS 卫星和该卫星覆盖视场内一点建立双向点波束，并允许和欧洲区域以外的国家实现射频连通。利用 DRS 系统的 S 频段或 Ka 频段的星间链路可进行距离和距离变化率测量。

"天链一号"是我国第一代地球同步轨道数据中继卫星，以东方红三号卫星平台为基础研制，星间通信链路使用单个 S/Ka 波段双馈源抛物面天线，测控信号使用 S 波段单址链路中继信号，星地高速通信使用 Ka 波段天线。2012 年 7 月

25 日，"天链一号 03 星"成功发射，标志中国正式建成第一代中继卫星系统。2016 年与 2021 年又先后发射了 04 星与 05 星。

在第一代中继卫星的基础上，"天链二号"基于东方红四号平台研制，装有 S/Ka 双馈源抛物面天线，S 频段相控阵多址天线，可能使用激光通信单元用于超高速率的星间通信，具有服务目标更多、传输速率更高、覆盖范围更广、设计寿命更长等特征。当前"天链二号"在轨 3 颗星，组成了我国第二代数据中继卫星系统，大大提升我国天基测控与数据中继的能力。

2. 中继卫星系统的基本原理

中继卫星系统是为航天器与地基测控站之间提供实时轨道测控与数据中继服务的系统，一般位于地球静止轨道。由于地球静止轨道卫星对低轨航天器具有较高的测控覆盖性，中继卫星系统可以对近地航天器提供持续的跟踪与通信支持服务。中继卫星系统克服了地基测控站对中低轨卫星 1 次跟踪弧段短、可跟踪圈次少、测站使用率低等缺点，因此受到各航天大国的重视。

典型的中继卫星系统包括地球同步轨道卫星、一个地面终端站（或者多个互为备份）和用户航天器上的转发器。作为数据中继时，中低轨用户航天器经星间链路将遥测数据、探测数据、语音等信息发送至中继卫星，中继卫星接收后，经变频将其发送至地面终端站，并进行解调与解码处理。作为跟踪测量系统时，首先需要明确用户航天器的轨道信息，从地面终端站发出上行伪码测距信号，经前向链路通过中继卫星到达用户航天器，用户航天器进行相关并转发处理，沿反向链路回到地面终端站，由伪码相关技术可以测到地面站—中继星—用户航天器—中继星—地面站的四程距离或是距离变率信息。图 6-7 为中继卫星系统测量示意图，其中，τ_1，τ_2 表征前向链路；τ_3，τ_4 表征反向链路。由测量原理可知，利用中继卫星系统测量用户航天器的距离或是距离变率信息，必须精确已知中继卫星的轨道信息，从而通过光行时迭代计算获取理论计算值。

国外中继卫星系统总的测量精度与地基测量系统基本一致，在美国和法国合作的 T/P 卫星任务中，中继卫星的双程距离的标准偏差约为 2m。利用中继卫星跟踪数据确定低轨航天器轨道还受中继卫星本身轨道精度的制约，这是因为中继卫星轨道的误差将直接进入观测量中。

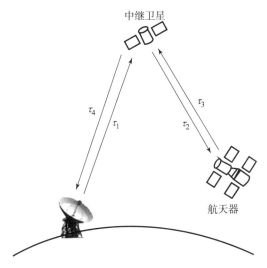

图 6 – 7　中继卫星系统测量示意图

3. 深空中继测量

月球探测任务中最早计划使用中继卫星的是月球勘探者，设计通过月球中继卫星直接获取月球背面的测量信息，提高月球背面重力场的分辨率，但因经费原因项目最终取消。2007 年 9 月，日本"月亮女神"探月计划中设计了 2 个环月中继卫星，当主飞行器飞到远月面时，将与环月中继卫星保持多普勒测量链路的通畅，地面测站则可通过中继卫星获得三程多普勒观测数据，这是中继卫星在月球探测任务中的首次应用。

"嫦娥四号"月球探测任务首次实现月球背面的软着陆。因为月球自转与公转周期相当，月球始终有一面背对地球，背面软着陆只能依赖月球中继测量系统为探测器与地面站之间提供实时轨道测控与数据中继服务。但是"嫦娥四号"中继星仅提供数传服务，未提供测控支持。嫦娥四期计划发射中继星，除开展数传服务外，也提供测控支持。

6.4.2　导航卫星系统

导航卫星系统对导航定位领域产生了重大变革，具有划时代的意义。我国已经建成的北斗导航系统提供类似于 GPS 系统的定位服务，在可见卫星数大于 4 时，它对可见卫星的信号进行测量，获取伪距或是载波相位数据，用户根据测量量可解算出三维位置，实现导航与精确定位。

1. 导航卫星系统的发展

目前全球导航卫星系统包括美国的 GPS 系统、俄罗斯的 GLONASS 系统，以及在建的欧洲 Galileo 系统。最早的导航卫星系统为美国的"子午仪"（Transit），该系统于 1964 年 7 月投入使用，于 20 世纪 90 年代被 GPS 系统取代。GPS 系统由分布于 6 个轨道面的 24 颗卫星组成，相邻轨道面的升交点角距相差 30°，卫星运行在平均高度为 20 200 km 的轨道上。GPS 系统的地面监测站分布在全球，可以实现全弧段跟踪。GPS 提供的测量信息包括伪距和载波相位，可以为用户提供三维位置、速度和精确的时间信息。目前，伪距测量的实时单点定位精度约为 10 m，事后处理精度可达 3 ~ 5 m，基于载波相位的相对定位精度则可更高。

我国的"北斗一号"双星导航系统于 2000 年建成，属于全天候、快速实时的区域定位系统，其基本任务是在我国大陆及周边区域为用户提供快速定位、短报文通信、授时服务。北斗导航系统二期建成的导航系统包括分布于 3 个轨道面的 27 颗 MEO（平均高度为 21 500 km，轨道倾角为 55°）、5 颗 GEO 和 3 颗地球同步卫星。系统建成后民用设计精度：伪距定位精度为 10 m，速度测量精度为 0.2 m/s，授时精度为 50 ns。

2. 导航卫星系统的基本原理

导航卫星系统通常由 3 部分组成：导航星座、地面监控系统及用户接收设备。导航星座作为信号发射与导航电文的载体，必须接收存储导航信息，接收监控中的控制命令，通过星载原子钟提供精确时间标准，星载计算机还必须完成必要的数据处理工作。地面监控系统需要完成卫星的跟踪测量，计算卫星星历及钟差，并将星历、钟差及导航电文注入导航星座。用户接收设备主要完成导航卫星无线电信号的接收，导航电文的接收，基于数据处理软件完成定位工作。

以 GPS 为例，卫星导航是让用户通过接收机测量多颗卫星至接收机的信号时延，同时接收包含导航卫星位置信息的导航电文，通过数据处理软件计算用户的位置。通常卫星导航采用单向测距体制，每一颗 GPS 卫星都向地球发射高稳定的载波信号，载波被调制了两种伪随机码和导航信息。用户接收机接收卫星发射的载波信号,信号接收与发射时刻的差异就是信号传播的延迟。由于 GPS 卫星都有高稳定原子钟,可以认为各导航星之间是时间同步的,而 GPS 用户机与卫星的时钟并不是同步的,所测的时延值还包括两者时钟的差异,因而测得的距离称为伪距。实际在定位计算中需要对接收机与导航系统时间之间的偏差进行标校,通常作为 1 个参数进行解算,这就需要同时观测 4 颗以上的卫星才能完成导航。

3. 导航卫星系统服务月球探测

美国哥达德航天中心曾尝试开发适用于高轨航天器的 GPS 接收机,并成功开展了搭载试验获取了有效定位数据,美国国家航天局还研发了适用于月球航天器的 GPS 接收机,但未进行搭载试验。

"嫦娥五号"飞行试验器(Chang'E 5 Test,CE5T)首次搭载了导航接收机,在轨飞行期间成功获取伪距、相位数据及星载定位结果,充分验证了利用 GNSS 旁瓣信号完成中高轨航天器在轨飞行期间的导航支持。CE5T 携带有 L 频段 C/A 码 GNSS 接收机,具备处理 GPS 和 GLONASS 信号的能力,相比于低轨卫星 GNSS 接收机,该接收机具备高灵敏度捕获、跟踪能力。在探测器的 ±Z 轴上分别安装了接收机天线,以减少由探测器姿态不确定而带来天线指向变化所造成的影响,保证导航信号的全向接收。该接收机有 32 个通道,可以同时处理 32 颗 GNSS 卫星的信号,能够实时进行位置、速度解算,并向用户提供码相位、载波相位、多普勒和信噪比等原始测量数据。

在飞行任务中,CE5T 的地心距覆盖 6 500 ~ 400 000 km,远超出当前各 GNSS 系统设计的服务范围。对于中低轨航天器,接收机主要接收来自导航星主瓣内的下行信号,可视导航卫星数目多,且信号强度大。当地心距增大到一定程度后,CE5T 无法接收到导航星主瓣信号,必须使用绕过地球的旁瓣信号完成导航。此外,用户能否接收到导航星的下行信号,还要考虑导航星的发射功率、信号传输空间环境、用户接收机的接收能力等诸多因素的影响。对于这种远距离航天器,利用导航星旁瓣信号进行定位,接收机的能力是决定能否正常接收旁瓣信号的重要因素。导航卫星的可视性判别如图 6-8 所示。

CE5T 星载 GNSS 数据实现了有效快速的轨道计算,试验集中在地月转移、月地返回阶段,卫星处于大椭圆轨道,涵盖的地心距为 6 500 ~ 60 000 km。

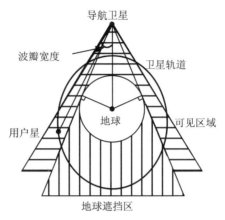

图 6 - 8　导航卫星的可视性判别

6.5　射电跟踪测量技术

6.5.1　地面测站的发射频率

地面测站的发射频率可以是常数或是斜坡函数。如果它是常数频率，从该数据点在 OD 文件中的记录中得到。如果发射频率是斜坡函数，它是一系列连续的斜坡。每一个斜坡有开始时刻、结束时刻、开始时刻的频率 f，以及在斜坡开始时刻和结束时刻之间应用的 f 的常数导数（斜坡速率）。每一个斜坡的开始和结束时刻以地面发射站的测站时 ST 表示。插值时刻是在地面测站的发射电子设备处以测站时 ST 表示的传播时间。后续将用相位表格补充斜坡表格并最终代替斜坡表格。相位表格包含一些相位 - 时间点的序列，每一个点给出地面测站测站时 ST 表示的发射时刻的发射信号相位。

6.5.2　航天器的转发比

航天器的转发比是在航天器处发射的下行支路频率和航天器处接收的上行支路频率之比。从 OD 文件中数据点的数据记录中可得到所有这些频段的转发比。表 6 - 1 是 S、X 和 Ka 频段上行和下行 DSN 航天器标准转发比。

表 6 - 1　不同频段 DSN 航天器标准转发比

上行频段	下行频段		
	S	X	Ka
S	$\dfrac{240}{221}$	$\dfrac{880}{221}$	$\dfrac{3\ 344}{221}$
X	$\dfrac{240}{749}$	$\dfrac{880}{749}$	$\dfrac{3\ 344}{749}$
Ka	$\dfrac{240}{3\ 599}$	$\dfrac{880}{3\ 599}$	$\dfrac{3\ 344}{3\ 599}$

■ 6.6　观测量归算

　　DSN 提供的跟踪数据类型丰富。深空探测器主要包括多普勒测速和测距，双程多普勒测速因为是同频源测量可得到高精度的视向速度测量，但需要发射较强的上行信号以保证一定信噪比的回波。早期 Mariner 9、Viking 1 - 2 的测轨数据主要为 S 波段双程多普勒，60 s 积分双程多普勒测量的噪声水平约为 1 mm/s；随着工作频段的不断升高和其他相关技术的发展，测距和多普勒测量的精度不断提高，目前在 X 频段，60 s 积分周期的速随机误差为 0.03 mm/s，测距系统偏差为 2 m，随机误差为 60 cm。

　　随着深空探测的不断深入开展，虽然近地空间使用的伪码测距和多普勒频移测速两种方法仍可用于深空跟踪，但跟踪网呈现出以下发展趋势：跟踪网工作频段不断提升，由早期的 S 频段提升到 X 频段，甚至是 Ka 频段；天线口径增加，目前最大的天线口径已达 70 m，并出现了大规模天线阵；测量体制也在不断增加，除了早期常规的测距、测速外，天文 VLBI 跟踪方式也应用了深空探测，并发展出了 ΔVLBI，SBI，DOR，DOD 等多种测量手段；最重要的是测量精度的提升，如多普勒测量已从早期数个 mm/s 的精度提升至 0.01 mm/s 的精度水平。

　　下面我们对各类观测量进行详细介绍。

6.6.1　光行时的计算

　　光行时通常理解为地面站与探测器之间信号传递所经历的时间，一般采用逆

向递推计算。对于单向光行时，即无线电信号从探测器发射到地面站接收这一段时间，其严格的定义式为

$$\Delta\tau = t(\tau_R) - t(\tau_S) \tag{6.1}$$

其中，$\Delta\tau$ 为光行时；$t(\tau_R)$ 为信号接收时刻的接收点处的原时；$t(\tau_S)$ 为信号发送时刻的发射点处的原时。

对于深空探测器，须采用质心动力学时，可将单向光行时改写为以下形式

$$\Delta\tau = \Delta t(\text{TDB}) - [\text{TDB}_R - t(\tau_R)] + [\text{TDB}_S - t(\tau_S)] \tag{6.2}$$

其中，$[\text{TDB}_R - t(\tau_R)]$ 对应接收时刻 TDB 与测站原时的变换，$[\text{TDB}_S - t(\tau_S)]$ 对应信号发射时刻 TDB 与探测器处原时的变换，这两处时间转换的精度要求很高，一般需要 ns 级的精度。

$\Delta t(\text{TDB}) = \text{TDB}_R - \text{TDB}_S$ 可以根据以下步骤计算得到。

（1）将 $t(\tau_R)$ 转化为对应的地球时 TT_R。

（2）将 TT_R 转化为 TDB_R，并将测站坐标转换到 BCRS 中，记为 $\vec{r}_R(\text{TDB}_R)$，$\dot{\vec{r}}_R(\text{TDB}_R)$。

（3）计算信号发射时刻 TDB_S。首次迭代取 $\text{TDB}_S = \text{TDB}_R$，否则取 $\text{TDB}_S = \text{TDB}_R - \dfrac{\rho}{c}$，$\rho$ 为上次迭代计算得到的信号传播路径。

（4）计算 TDB_S 时刻探测器在 BCRS 中的位置速度 $\vec{r}_{s/c}(\text{TDB}_S)$，$\dot{\vec{r}}_{s/c}(\text{TDB}_S)$。

（5）计算信号传播路径距离，$\rho = |\vec{r}_{s/c}(\text{TDB}_S) - \vec{r}_R(\text{TDB}_R)| + \text{RLT}$，其中 RLT 为相对论光行时，可根据下式计算：

$$\text{RLT} = \frac{(1+\gamma)\mu_\text{S}}{c^2}\ln\left[\frac{r_1^\text{S} + r_2^\text{S} + r_{12}^\text{S} + \dfrac{(1+\gamma)\mu_\text{S}}{c^2}}{r_1^\text{S} + r_2^\text{S} - r_{12}^\text{S} + \dfrac{(1+\gamma)\mu_\text{S}}{c^2}}\right] + \sum_\text{B} \frac{(1+\gamma)\mu_\text{B}}{c^2}\ln\left[\frac{r_1^\text{B} + r_2^\text{B} + r_{12}^\text{B}}{r_1^\text{B} + r_2^\text{B} - r_{12}^\text{B}}\right]$$

$$\tag{6.3}$$

式中，μ_S 为太阳引力常数；μ_B 为行星、外行星系统或月球的引力常数；角标 S 表示太阳，B 表示行星系统或月球；r_1，r_2 分别为传播路径起始点与终点距各引力天体质心的直线距离，r_{12} 为两点之间的直线距离。

（6）若本次计算的 ρ 与前一次计算的 ρ 之间的差异大于 0.1m，则重复步骤（3）~（5）；否则，$\Delta t(\text{TDB}) = \text{TDB}_R - \text{TDB}_S$。

式（6.2）中的 $[\mathrm{TDB}_R - t(\tau_R)]$ 和 $[\mathrm{TDB}_S - t(\tau_S)]$ 一般不直接计算，而是通过差分途径实现。

根据前面的分析，若忽略相对论的影响，有

$$\Delta\tau = \Delta t(\mathrm{TDB}) = \mathrm{TDB}_R - \mathrm{TDB}_S \tag{6.4}$$

式（6.4）中，信号接收时刻 TDB_R 是确定的，与航天器状态参数 $\vec{x}$ 无关，而发射时刻和相应的探测器位置都是状态参数 $\vec{x}$ 的函数。因此，单向光行时对状态参数 $\vec{x}$ 的偏导数计算为

$$\frac{\partial \Delta\tau}{\partial \vec{x}} = -\frac{\partial \mathrm{TDB}_S}{\partial \vec{x}} = \left[\frac{\vec{r}_{s/c}(\mathrm{TDB}_S) - \vec{r}_R(\mathrm{TDB}_R)}{c\rho}\right]^{\mathrm{T}} \times$$

$$\left[\frac{\partial \vec{r}_{s/c}(\mathrm{TDB}_S)}{\partial \vec{x}} - \frac{\partial \vec{r}_R(\mathrm{TDB}_R)}{\partial \vec{x}} + \dot{\vec{r}}_{s/c}(\mathrm{TDB}_S)\frac{\partial t(\mathrm{TDB}_S)}{\partial \vec{x}}\right] \tag{6.5}$$

若令

$$\dot{\rho} = \frac{\left[\vec{r}_{s/c}(\mathrm{TDB}_S) - \vec{r}_R(\mathrm{TDB}_R)\right] \cdot \dot{\vec{r}}_{s/c}(\mathrm{TDB}_S)}{\rho} \tag{6.6}$$

代入式（6.5），并整理后有

$$\frac{\partial \Delta\tau}{\partial \vec{x}} = -\frac{\partial \mathrm{TDB}_S}{\partial \vec{x}}$$

$$= \left[\frac{\vec{r}_{scc}(\mathrm{TDB}_S) - \vec{r}_R(\mathrm{TDB}_R)}{\rho(c + \dot{\rho})}\right]^{\mathrm{T}} \times \left[\frac{\partial \vec{r}(\mathrm{TDB}_S)}{\partial \vec{x}} - \frac{\partial \vec{r}_R(\mathrm{TDB}_R)}{\partial \vec{x}}\right] \tag{6.7}$$

在精度要求不高的条件下，上式可以进一步简化为

$$\frac{\partial \Delta\tau}{\partial \vec{x}} = -\frac{\partial \mathrm{TDB}_S}{\partial \vec{x}}$$

$$= \left[\frac{\vec{r}_{sc}(\mathrm{TDB}_S) - \vec{r}_R(\mathrm{TDB}_R)}{\rho c}\right]^{\mathrm{T}} \times \left[\frac{\partial \vec{r}_{scc}(\mathrm{TDB}_S)}{\partial \vec{x}} - \frac{\partial \vec{r}_R(\mathrm{TDB}_R)}{\partial \vec{x}}\right] \tag{6.8}$$

上述偏导数的计算与观测量的归算并无关系，但在某些定轨工作中可能涉及，这里顺便给出。后面其他观测量的归算中也有类似情况，不再说明。

对于地球卫星，计算步骤与前面的描述类似，但是不需要考虑 TDB 与 TT 的转换关系，直接采用 TT 进行计算，相对论光行时只需要考虑地球引起的信号路径弯曲即可：

$$\mathrm{RLT}_E = \frac{(1+\gamma)\mu_E}{c^2}\ln\left[\frac{r_1^E + r_2^E + r_{12}^E}{r_1^E + r_2^E - r_{12}^E}\right] \tag{6.9}$$

式中，μ_E 为地球引力常数，角标 E 表示地球。

式（6.9）对时间的导数为

$$\frac{\mathrm{d}}{\mathrm{d}t}\mathrm{RLT}_E = \left(\frac{1+\gamma}{c^2}\right)\mu_E\left(\frac{\dot{r}_1^E + \dot{r}_2^E + \dot{r}_{12}^E}{r_1^E + r_2^E + r_{12}^E} - \frac{\dot{r}_1^E + \dot{r}_2^E - \dot{r}_{12}^E}{r_1^E + r_2^E - r_{12}^E}\right) \tag{6.10}$$

6.6.2 测距型资料

距离测量是利用无线电波在空间以恒速、直线传播特性的测量方式，测量地面测站与航天器之间的相对距离关系，是深空探测中最原始的跟踪测量，可表示为收发站测量信号传播时间差与光速的乘积。连续波雷达测距通过一定形式的测距音信号对发射载波进行调制，并发射上行载波，卫星应答机接收并锁住上行载波，并转发返回至地面测站，地面接收机将调制的测距信号与发射信号进行时间差或是相位差比较，提取距离信息。常用的信号模式为侧音、伪码和音码混合。

侧音模式是指从地面测站发射一组纯音信号（通常为正弦波），依次对上行载波进行调相，经上行调制后的纯音分布在载波的两侧，将其发射至航天器；星载应答机将接收到的上行侧音转发回地面测站；地面测站对接收到的信号进行调相解调恢复出侧音后，通过比较上行侧音与恢复出来的侧音之间的相位差，可计算出反应航天器与地面测站的距离信息。图 6-9 是侧音测距原理示意图。侧音模式具有捕获快、分辨率高等特点，同时存在需要多次进行模糊度解算等劣势，通常被用于近地航天器的距离测量（曹建峰，2013；郭大鹏，2019）。

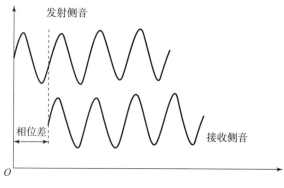

图 6-9　侧音测距原理示意图

伪码测距是指利用伪随机码的自相关特性进行测距测量，利用伪随机码容易获得长周期等特点，使无模糊距离增大，避免多次解距离模糊的复杂问题，且保密性和抗干扰性得以增强，同时调制载波后可以和多种信号同时占用一个射频带宽。其基本原理为测站码产生器生成伪随机码，一组发送至码移位寄存器进行寄存，并产生"1"信号，距离计数器开始计数；另一组调制为载波信号并发射至目标，经应答机转发到地面测站接收，经过信号恢复及相关信号处理使本地码与接收码完全同步。此时在接收端产生一个与发码完全相同且相对于发码有一定延迟的本地码。通过比较本地码与移位寄存器中的发码状态，产生收全"1"关门信号，使距离计数器关门，测量时延值即可转换为距离测量值。

音码混合测距过程是指由地面测控终端产生一组伪随机码序列，经调制后发送至卫星，卫星接收到这一伪随机码序列，用伪码的时钟产生一系列同步的测距音（即测距音的零相位对应于伪码的起始位置，在一个码周期内有多个完整测距音周期）。这些测距音通过相位调制发送到地面，经相位延迟锁定后通过测距音/伪码相位比较器得出测距音与最初发送的伪码的相位差或时延，进而得出所测距离。

测距数据严格来讲是测站天线相位中心与星载天线相位中的距离。距离测量根据不同测量链路组成分为不同跟踪模式：单程跟踪模式、双程跟踪模式、三程跟踪模式和四程跟踪模式。单程跟踪模式由星载晶振直发，由探测器发射信号至地面站，且一般为单程测速；双程跟踪模式采用星上转发模式，信号由地面站发射至探测器，再转发至同一地面站；三程跟踪模式为星上转发加收发异站模式，即信号由地面站 1 发射至探测器，然后转发至地面站 2；四程跟踪模式即在双程基础上使用着陆器参与信号转发。通常使用双程和三程测距作为常用测距观测量。图 6 - 10 是单程与三程跟踪示意图。

影响距离测量精度的因素是多方面的，如设备热噪声、频率源的不稳定、设备零值的校准、设备终端的分辨，以及介质传播过程中引入的误差等。这些因素对测距的影响主要可以分为系统性偏差与随机噪声，介质传播影响可以通过模型参数进行标校，这将在第 7 章进行详细介绍。

实际上，测距是描述测站处信号接收与发射的地面测站时间之差，以 UTC 表示：

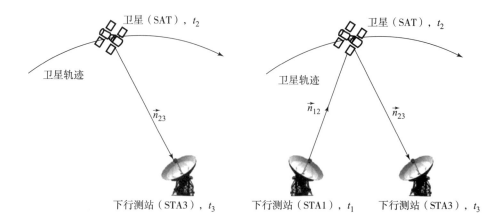

图 6 – 10　单程与三程跟踪示意图

$$\rho_{13} = c \cdot (\mathrm{UTC}_3 - \mathrm{UTC}_1) \tag{6.11}$$

式 (6.11) 也可以标识为距离的关系

$$\begin{aligned} \rho &= \rho_{\mathrm{up}} + \rho_{\mathrm{dn}} + \left[(\mathrm{TT}_3 - \mathrm{TDB}_3) - (\mathrm{TT}_1 - \mathrm{TDB}_1) \right] \cdot c \\ &= \left| \vec{r}_{\mathrm{scc}}(t_V) - \vec{r}_{\mathrm{sta}}(t_T) \right| + \mathrm{RLT}_{\mathrm{up}} + \left| \vec{r}_{\mathrm{scc}}(t_V) - \vec{r}_{\mathrm{sta}}(t_R) \right| + \mathrm{RLT}_{\mathrm{dn}} + \\ &\quad \left[(\mathrm{TT}_3 - \mathrm{TDB}_3) - (\mathrm{TT}_1 - \mathrm{TDB}_1) \right] \cdot c \end{aligned} \tag{6.12}$$

式 (6.12) 中 $\vec{r}_{\mathrm{sta}}(t_T)$ 为测站在信号发射时刻 t_T 的位置矢量，$\vec{r}_{\mathrm{s/c}}(t_V)$ 为航天器应答机接收信号时刻 t_V 航天器位置矢量，$\vec{r}_{\mathrm{sta}}(t_R)$ 为测站在接收到信号时刻 t_R 的位置矢量。具体计算参考 1.1.1 节步骤。公式中为了表述方便，默认以下标 1 表示信号上行站，2 表示航天器转发信号，3 表示信号下行站。忽略时间系统差异的影响，其观测偏导数可以表示为

$$\frac{\partial \rho_{13}}{\partial \vec{r}} = \frac{\partial \rho_{\mathrm{up}}}{\partial \vec{r}} + \frac{\partial \rho_{\mathrm{dn}}}{\partial \vec{r}} \tag{6.13}$$

6.6.3　测速型资料

相对速度测量是由于探测器转发频率和地面站接收频率因探测器的相对运动而存在差异得到的观测量，又称为多普勒频移。相对速度测量的本质是探测器下行频率的多普勒频移周计数，并转换为测速值。多普勒观测量根据输出不同可以分为积分型和瞬时型两种，测速模式与测距类似，常使用双程测速。地面测站发射率有常数和斜坡函数两种，后者被称为 RAMP 多普勒，更便于接收机锁频。

影响多普勒测量的因素也是多方面的：时钟不稳定性是测速中的一个基本误差源，频率的不稳定直接影响视向速度的精度；测量设备的影响；由测量设备引起的多普勒测量误差，主要来源于信号经过接收机和发射子系统，以及航天器应答机传输路径中的热噪声和不稳定性。为了减小测量设备的影响，深空测速系统一般采用载波相位计数测量法。

积分多普勒的观测量是地面站接收信号频率相对标准发射频率的偏移量 f_D，通过测量一个积分周期内的周计数得到，即

$$f_D = f_R - f_0 = \frac{N_C}{\Delta T} + \delta f + \nu \tag{6.14}$$

其中，f_R 为接收端接收信号频率；f_0 为地面接收站本振频率；N_C 为一个积分周期内的周计数；ΔT 为一个积分周期；δf 为观测系统误差；ν 为观测随机误差。

地面接收站的一个积分周期（ ΔT ）内累积的多普勒周计数（ N_C ）的变化可以推导出多普勒观测量。对于给定的地面测站，连续的多普勒观测有连续的积分周期。

对于 N_C，有

$$
\begin{aligned}
N_C &= \int_{t_{R,s}}^{t_{R,e}} (f_R - f_0)\,\mathrm{d}t = f_R \Delta T - f_0 \Delta T \\
&= M \int_{t_{S,s}}^{t_{S,e}} f_S \mathrm{d}\tau - f_0 \Delta T \\
&= M f_S \Delta \mathrm{UTC}_s - f_0 \Delta T \tag{6.15}
\end{aligned}
$$

其中，f_0 为地面接收站的本振频率；小写的下标 s，e 表示积分起始和结束；大写下标 S，R 表示发射，接收；t 表示地面测站时间，一般采用 UTC 时间系统。

进一步写出接收频率与发射频率的关系为

$$\frac{f_R}{f_S} = M \frac{\Delta \mathrm{UTC}_S}{\Delta T} \tag{6.16}$$

频率和多普勒测速的关系为

$$
\begin{aligned}
\dot{\rho} &= \left(1 - \frac{f_R}{M f_S}\right) \cdot c \\
&= \left(1 - \frac{\Delta \mathrm{UTC}_S}{\Delta T}\right) \cdot c \tag{6.17}
\end{aligned}
$$

（1）积分多普勒的测量模型。

根据式（6.17），积分多普勒可以展开成距离的形式

$$\dot{\rho} = \frac{\rho(t_e) - \rho(t_s)}{\Delta T} \tag{6.18}$$

式中，$\rho(t_s)$，$\rho(t_e)$ 表示积分开始时刻 t_s 与积分结束时刻 t_e 对应的距离测量量；ΔT 满足 $\Delta T = t_e - t_s$。

相应的观测偏导数为

$$\frac{\partial \dot{\rho}}{\partial \vec{r}_{s/c}} = \frac{1}{\Delta T}\left(\frac{\partial \rho_e}{\partial \vec{r}_{s/c}} - \frac{\partial \rho_s}{\partial \vec{r}_{s/c}} \right) \tag{6.19}$$

（2）瞬时多普勒的测量模型。

当积分周期非常小时，可以采用瞬时多普勒的模型。

$$\dot{\rho} = \frac{(\vec{r}_{s/c}(t_V) - \vec{r}_{sta}(t_T)) \cdot (\dot{\vec{r}}_{s/c}(t_V) - \dot{\vec{r}}_{sta}(t_T))}{\rho_{up}} + \\ \frac{(\vec{r}_{s/c}(t_V) - \vec{r}_{sta}(t_R)) \cdot (\dot{\vec{r}}_{s/c}(t_V) - \dot{\vec{r}}_{sta}(t_R))}{\rho_{dn}} \tag{6.20}$$

相应的观测偏导数为

$$\frac{\partial \dot{\rho}}{\partial \vec{r}_{s/c}(t_V)} = \frac{\dot{\vec{r}}_{s/c}(t_V) - \dot{\vec{r}}_{sta}(t_T)}{\rho_{up}} + \frac{\dot{\vec{r}}_{s/c}(t_V) - \dot{\vec{r}}_{sta}(t_R)}{\rho_{dn}} \tag{6.21}$$

1. 非斜坡多普勒观测量

在地面发射站以测站时 SF 表示的时间间隔 dt_1 内，常数发射频率 $f_T(t_1)$ 发射 dn 周；在地面接收站接收处以测站时 ST 表示的相应接收间隔 dt_3 内，接收 $M_2 dn$ 周，其中 M_2 是航天器转发比。式（6.22）给出了非斜坡双向 F_2 和三向 F_3 多普勒观测量的定义。非斜坡：

$$F_{2,3} = \frac{1}{T_c} \int_{t_{3_s}(ST)_R}^{t_{3_e}(ST)_R} [M_2 f_T(t_1) - f_R(t_3)] dt_3 \tag{6.22}$$

在接收电子设备处以周每测站时 ST 秒表示的接收频率与在发射电子设备处以周每测站时 ST 秒表示的发射频率之比（查表见上一节）为

$$\frac{f_R}{f_T} = \frac{M_2 dn}{dt_3} \frac{dt_1}{dn} = M_2 \frac{dt_1}{dt_3} \tag{6.23}$$

在地面接收站以周每测站时 ST 秒表示的接收频率为

$$f_R(t_3) = M_2 f_T(t_1) \frac{dt_1}{dt_3} \tag{6.24}$$

将式（6.23）和式（6.24）代入式（6.22）可得：

$$F_{2,3} = \frac{M_2 f_T(t_1)}{T_c} \left(\int_{t_{3_s}(\mathrm{ST})_R}^{t_{3_e}(\mathrm{ST})_R} dt_3 - \int_{t_{3_s}(\mathrm{ST})_T}^{t_{3_e}(\mathrm{ST})_T} dt_3 \right) \tag{6.25}$$

将式（6.25）中积分展开后最终表示为

$$F_{2,3} = \frac{M_2 f_T(t_1)}{T_e} (\rho_e - \rho_s) \tag{6.26}$$

其中，ρ_e 和 ρ_s 是在地面接收站处接受时刻等于 $t_{3_e}(\mathrm{ST})_R$ 和 $t_{3_s}(\mathrm{ST})_R$ 时的精确往返光行时。用式（6.26）可计算非斜坡的双向和三向多普勒观测量。每个观测量计算值需要两个分别在地面接收站处接收时刻等于 $t_{3_e}(\mathrm{ST})_R$ 和 $t_{3_s}(\mathrm{ST})_R$ 时的往返航天器光行时解。

精确往返光行时 ρ_e 和 ρ_s 不包括对流层或带电粒子引起的修正。如式（6.27）所示，这些修正分别包括在 ρ_e 和 ρ_s 的传播介质修正 $\Delta\rho_e$ 和 $\Delta\rho_s$ 中。

$$\Delta F_{2,3} = \frac{M_2 f_T(t_1)}{T_e} (\Delta\rho_e - \Delta\rho_s) \tag{6.27}$$

2. 斜坡多普勒观测量

上节给出了常数双向和三向多普勒观测量计算公式，以及传播介质引起的观测量修正。斜坡双向或三向多普勒观测量计算公式包含发射间隔 T'_c 上的发射频率的积分和接收间隔 T_c 上的多普勒参考频率的积分。

双向和三向斜坡多普勒测量定义如下：

$$F_{2,3} = \frac{1}{T_e} \int_{t_3(\mathrm{ST})_R}^{t_3(\mathrm{ST})_R} [f_{\mathrm{REF}}(t_3) - f_R(t_3)] dt_3 \tag{6.28}$$

其中，多普勒参考频率 $f_{\mathrm{REF}}(t_3) = M_{2_R} f_T(t_3)$。将参考频率和接收频率公式代入后得到：

$$F_{2,3} = \frac{M_{2_R}}{T_e} \int_{t_{3_s}(\mathrm{ST})_R}^{t_{3_e}(\mathrm{ST})_R} f_T(t_3) dt_3 - \frac{M_2}{T_e} \int_{t_{3_s}(\mathrm{ST})_R}^{t_{3_e}(\mathrm{ST})_R} f_T(t_1) dt_1 \tag{6.29}$$

如果式（6.29）中参考频率是常数值，对 NSP 实施后的 Block5 接收机，$f_{\mathrm{REF}}(t_3)$ 为零。对这种情况，由于在接受间隔内接收的周数等于在发射间隔发射

的周数乘以航天器转发比 M_2，式（6.29）可写为

$$F = -\frac{\phi(t_{3_e}) - \phi(t_{3_s})}{T_c} \tag{6.30}$$

其中，$\phi(t_3) = \int_{t_{30}}^{t_3} f_R(t_3)\,dt_3$，为从弧段开始附近的 t_{30} 时刻至当前时刻 t_3 累计的接收频率的周计数。

精确往返光行时 ρ_e 和 ρ_s 不包括对流层或带电粒子引起的修正。式（6.31）所示，这些修正分别包括在 ρ_e 和 ρ_s 的传播介质修正 $\Delta\rho_e$ 和 $\Delta\rho_s$ 中。

$$\Delta F_{2,3} = \frac{M_2}{T_e}\big[f_T(t_{1_e})\Delta\rho_e - f_T(t_{1_s})\Delta\rho_s\big] \tag{6.31}$$

斜坡数据处理流程如图 6 – 11 所示，处理步骤如下。

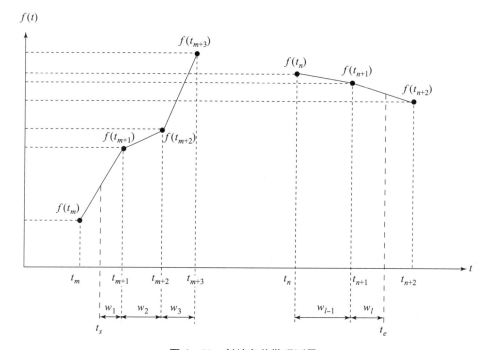

图 6 – 11　斜坡多普勒观测量

（1）根据常规双程/三程多普勒计算方法，计算观测值积分开始、阶数时刻对应的信号发射时刻 t_s，t_e。

（2）根据 (t_s, t_e) 区间读取斜波表格，确定该积分周期覆盖的斜波区间数 l。

（3）计算 (t_s, t_e) 区间的平均发射频率 f_s。

$$f_s = \frac{1}{(t_e - t_s)} \int_{t_s}^{t_e} f_T(t)\,\mathrm{d}t \qquad (6.32)$$

每个斜波区间的多普勒发射频率为

$$f_T(t) = f(t_m) + \dot{f}(t - t_m), \quad t \in [t_m, t_{m+1}] \qquad (6.33)$$

（4）计算平均发射频率。

$$f_s = \frac{1}{(t_e - t_s)} \sum_{i=1}^{l} w_i \cdot \left(f_{0i} + \frac{1}{2}\dot{f}_i w_i\right) \qquad (6.34)$$

式中，i 表示对应 RAMP 区间；f_{0i} 表示第 i 个区间的开始频率；$\dot{f}$ 表示第 i 个区间的频率变化率；w_i 表示第 i 个区间的宽度。对于第一个 RAMP 区间，由于 f_{0i} 积分开始时间不同于 RAMP 区间的开始时刻，$f_{0i} = f_T(t_s)$。

6.6.4　测角资料

测角主要依赖 VLBI 技术，具有极高的视线垂向位置变化的敏锐度，可以弥补测距、测速中对视线垂向方向测量不敏感的缺陷。典型的测角型资料包括方位俯仰角与赤经赤纬，本节介绍这两类角度测量。

1. 方位俯仰角

方位角 A 为当地切平面内从正北顺时针起量至航天器在该平面内投影的角度，如图 6-12 所示。

$$A = \arctan 2(y_{\mathrm{tp}}, x_{\mathrm{tp}}) \qquad (6.35)$$

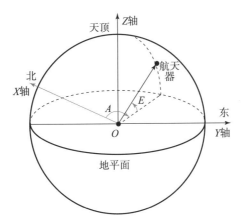

图 6-12　方位角、俯仰角示意图

俯仰角 E 是测站–航天器向量与当地切平面的夹角：

$$E = \arctan\left(\frac{z_{\mathrm{tp}}}{\sqrt{x_{\mathrm{tp}}^2 + y_{\mathrm{tp}}^2}}\right) \quad (6.36)$$

式中，x_{tp}，y_{tp}，z_{tp} 为航天器在测站地平坐标系内的位置向量。

方位角在测站坐标系中对航天器状态的偏导数为

$$\frac{\partial A}{\partial \vec{r}_{\mathrm{tp}}} = \frac{x_{\mathrm{tp}}^2}{x_{\mathrm{tp}}^2 + y_{\mathrm{tp}}^2}\left(-\frac{y_{\mathrm{tp}}}{x_{\mathrm{tp}}^2}, \frac{1}{y_{\mathrm{tp}}}, 0\right) \quad (6.37)$$

$$\frac{\partial A}{\partial \dot{\vec{r}}_{\mathrm{tp}}} = 0 \quad (6.38)$$

式中，$\vec{r}_{\mathrm{tp}}$ 为测站坐标系中航天器位置矢量。

则在天球参考系下对卫星状态的偏导数为

$$\frac{\partial A}{\partial \vec{r}} = \left[\left(\frac{\partial A}{\partial \vec{r}_{\mathrm{tp}}}\right)^{\mathrm{T}} \frac{\partial \vec{r}_{\mathrm{tp}}}{\partial \vec{r}_b} \frac{\partial \vec{r}_b}{\partial \vec{r}}\right]^{\mathrm{T}} = \left(\frac{\partial \vec{r}_{\mathrm{tp}}}{\partial \vec{r}_b} \frac{\partial \vec{r}_b}{\partial \vec{r}}\right)^{\mathrm{T}} \frac{\partial A}{\partial \vec{r}_{\mathrm{tp}}} \quad (6.39)$$

式中，$\vec{r}_b$，$\vec{r}$ 分别为地固系和天球参考系下航天器位置向量。

$$\left(\frac{\partial \vec{r}_{\mathrm{tp}}}{\partial \vec{r}_b} \frac{\partial \vec{r}_b}{\partial \vec{r}}\right)^{\mathrm{T}} = (\boldsymbol{M} \cdot \boldsymbol{HG})^{\mathrm{T}} \quad (6.40)$$

式中，$\boldsymbol{M}$ 为地固系至测站坐标的转换矩阵；$\boldsymbol{HG}$ 为天球参考系至地固系的转换矩阵。

仰角在测站坐标系中对位置向量的偏导数为

$$\frac{\partial E}{\partial \vec{r}_{\mathrm{tp}}} = \frac{1}{\sqrt{x_{\mathrm{tp}}^2 + y_{\mathrm{tp}}^2}(x_{\mathrm{tp}}^2 + y_{\mathrm{tp}}^2 + z_{\mathrm{tp}}^2)}(-x_{\mathrm{tp}} \cdot z_{\mathrm{tp}}, -y_{\mathrm{tp}} \cdot z_{\mathrm{tp}}, x_{\mathrm{tp}}^2 + y_{\mathrm{tp}}^2) \quad (6.41)$$

$$\frac{\partial E}{\partial \dot{\vec{r}}_{\mathrm{tp}}} = 0 \quad (6.42)$$

$$\frac{\partial E}{\partial \dot{\vec{r}}_{\mathrm{tp}}} = 0 \quad (6.43)$$

则在天球参考系下对卫星状态的偏导数为

$$\frac{\partial E}{\partial \vec{r}} = \left(\frac{\partial \vec{r}_{\mathrm{tp}}}{\partial \vec{r}_b} \frac{\partial \vec{r}_b}{\partial \vec{r}}\right)^{\mathrm{T}} \frac{\partial E}{\vec{r}_{\mathrm{tp}}} \quad (6.44)$$

2. 赤经赤纬

如图 6 – 13 所示，赤经赤纬观测类型有站心与地心之分，通常会归算到地

心，其测量方程为

$$\begin{cases} \alpha = \arctan2(y,x) \\ \delta = \arctan\left(\dfrac{z}{\sqrt{x^2 + y^2}}\right) \end{cases} \qquad (6.45)$$

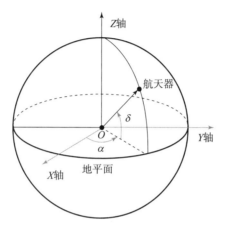

图 6 – 13　赤经赤纬示意图

式中，(x,y,z) 分别标识航天器在天球参考系中的坐标分量。

相应的观测偏导数为

$$\begin{cases} \dfrac{\partial \alpha}{\partial(x,y,z)} = \dfrac{x^2}{x^2 + y^2}\left(-\dfrac{y}{x^2}, \dfrac{1}{x}, 0\right) \\ \dfrac{\partial \delta}{\partial(x,y,z)} = \dfrac{1}{\sqrt{x^2 + y^2}(x^2 + y^2 + z^2)}(-xz, -yz, x^2 + y^2) \end{cases} \qquad (6.46)$$

6.6.5　点位型资料

点位型资料为星载导航接收机下传的定位结果，不同的导航系统获取的定位结果采用了不同的坐标系，如 GPS 采用的是 WGS84 参考系，北斗导航系统采用的是 CGCS2000 参考系，这里统称为地固坐标系。点位型资料通过坐标转换即可转换为地心天球参考系的航天器位置矢量。其观测方程可以简单表示为

$$\vec{r}_{bf} = \boldsymbol{HG} \cdot \vec{r} \qquad (6.47)$$

相应的观测偏导数为

$$\dfrac{\partial \vec{r}_{bf}}{\partial \vec{r}} = \boldsymbol{HG} \qquad (6.48)$$

6.6.6　干涉测量资料

1. VLBI 测量

VLBI 是 20 世纪 60 年代后期发展起来的射电干涉新技术，是一种重要的射电天文技术。它采用无线电干涉法，将多个位于距离数百乃至数千千米长度基线两端的口径相对较小的射电望远镜，合成为巨大的综合孔径望远镜，其最大等效直径为望远镜之间的最大基线长度。VLBI 通过延长基线和提高观测频率可获得极高空间分辨率和基线测量精度。VLBI 是目前角分辨率最高的天文观测技术，已能获得优于亚毫角秒量级的极高分辨率。

VLBI 侧重于高精度的角度测量，可以分为时延和时延率。VLBI 观测量对视线垂直方向上的探测器位置和速度变化具有很高灵敏度，很好地弥补了测距、多普勒测速的不足，已成为深空探测器测定轨的重要补充数据。图 6 - 14 为 VLBI 跟踪原理示意图。VLBI 以高稳定的氢原子钟信号作为独立频率标准，各观测站

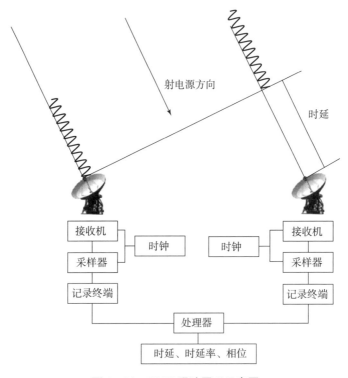

图 6 - 14　VLBI 跟踪原理示意图

的射电望远镜接收无线电信号，将其变换为基频信号后进行数字化采样后记录或传输。相关处理机是 VLBI 的数据预处理核心设备，主要完成数据的格式转换、时间同步、延时补偿、FFT 运算、复数交差相乘累加、长期累加等处理，最后输出计算结果以便后续使用。

2. 同波束 VLBI 测量

同波束 VLBI 测量与传统 VLBI 测量的区别在于发射端有两个探测器信号源，地面天线同时接收发射端多个信号。同波束 VLBI 需要经过两次距离差分之后可以扣除绝大部分系统误差和偶然误差及在接收装置中传输路径的影响。传统 VLBI 测量需要交替观测具有处理滞后性及观测精度难以提高的问题，同波束 VLBI 却具备了实时高精度测量的优势。最典型的例子是 SELENE 任务，它实施了长达 15 个月的同波束测量。能否构成同波束观测，主要取决于天线主波瓣宽度。地面射电望远镜的波束宽度 η 与接收信号的波长 λ 和射电望远镜的口径 D 有关，其计算关系式为（刘庆会，2016）

$$\eta = \alpha \cdot \frac{\lambda}{D} \tag{6.49}$$

其中，$\alpha \approx 1 \sim 1.22$（本书中取 1.22）。

3. 差分单程距离测量

差分单程距离（DOR）的干涉测量型资料的物理意义是，地面两个测站同时接收到航天器在不同时刻发射的下行信号，测量的是下行信号时间差，如图 6 - 15 所示。差分单程距离（Differential One - way Ranging，DOR）属于干涉测量型资料，物理意义是，地面两个测站同时接收到航天器在不同时刻发射的下行信号，测量的是下行信号时间差。差分单程测速（Differential One - way Doppler，DOD）是 DOR 测量在时间上的差分。

DOR 给出的是两测站同时接收到的探测器信号光行时之差，如图 6 - 15，即 $\mathrm{DOR} = \Delta\tau_2(t) - \Delta\tau_1(t)$，其中，$\Delta\tau_1$，$\Delta\tau_2$ 分别为两测站接收到探测器信号光行时。上式可写为以下形式

$$\begin{aligned} \mathrm{DOR} = {} & \Delta t_2(\mathrm{TDB}) - \Delta t_1(\mathrm{TDB}) - \\ & \Delta(\mathrm{TDB} - \mathrm{TAI})_{12} + \Delta(\mathrm{TDB}_{\mathrm{s/c}} - \tau_{\mathrm{s/c}})_{12} + \delta\tau_0 \end{aligned} \tag{6.50}$$

式中，$\Delta t_1(\mathrm{TDB})$，$\Delta t_2(\mathrm{TDB})$ 分别为 t 时刻两测站接收到的探测器发射信号的光

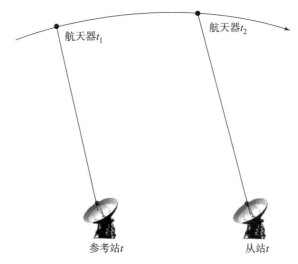

图 6 – 15 DOR 测量

行时方程解;$\Delta(\mathrm{TDB} - \mathrm{TAI})_{12}$ 为测站 1 和测站 2 处 TDB – TAI 值的差

$$\Delta\,(\mathrm{TDB}_{\mathrm{s/c}} - \tau_{\mathrm{s/c}})_{12} = (\mathrm{TDB}_{\mathrm{s/c}} - \tau_{\mathrm{s/c}})_2 - (\mathrm{TDB}_{\mathrm{s/c}} - \tau_{\mathrm{s/c}})_1 \qquad (6.51)$$

式中,$[\mathrm{TDB}_{\mathrm{S/C}} - \tau_{\mathrm{S/C}}]_1$ 为站 1 接收到的信号在航天器上发出时刻的 TDB 与星上原时之差,$(\mathrm{TDB}_{\mathrm{s/c}} - \tau_{\mathrm{s/c}})_2$ 为站 2 接收到的信号在航天器上发出时刻的 TDB 与星上原时之差,$\mathrm{TDB}_{\mathrm{s/c}}$ 为信号从航天器上发出时对应的 TDB 时刻,$\tau_{\mathrm{s/c}}$ 为信号发出时刻的星上原时,$\delta\tau_0$ 为两测站时钟的相对同步误差。

DOR 观测方程可以进一步表示为

$$\mathrm{DOR} = \frac{l_2 - l_1}{c} + (\mathrm{RLT}_2 - \mathrm{RLT}_1) - \Delta(\mathrm{TDB} - \mathrm{TAI})_{12} +$$

$$\Delta\,(\mathrm{TDB}_{\mathrm{scc}} - \tau_{\mathrm{scc}})_{12} + \delta\tau_0 + \delta\tau \qquad (6.52)$$

式中,l_1 和 l_2 分别为探测器到测站 1 和 2 的几何距离;RLT_1 和 RLT_2 分别为相对论效应引起的信号到测站 1 和 2 的光行时量;$\delta\tau$ 为观测其他系统误差（如传播媒介、通道延迟等影响）。

DOR 对位置的偏导数为

$$\frac{\partial \mathrm{DOR}}{\partial \vec{r}} = \frac{1}{c}\left(\frac{\partial l_2}{\partial \vec{r}} - \frac{\partial l_1}{\partial \vec{r}}\right) \qquad (6.53)$$

DOR 对速度的偏导数为

$$\frac{\partial \mathrm{DOR}}{\partial \dot{\vec{r}}} = \begin{bmatrix} 0 & 0 & 0 \end{bmatrix} \qquad (6.54)$$

参考文献

［1］ 于志坚. 航天测控系统工程. 北京：国防工业出版社，2008.

［2］ MOYER T D. Formulation for Observed and Computed Values of Deep Space Network Data Types for Navigation. John Wiley & Sons，Inc，2003.

［3］ PETIT G，LUZUM B. IERS Conventions（2010）. IERS Technical Note No. 36. Paderborn：Bonifatius Gmbh，2010：1 – 179.

［4］ SOFFEL M，KLIONER A S，PETIT G，et al. The IAU 2000 resolutions for astrometry，celestial mechanics，and metrology in the relativistic framework：explanatory supplement. The Astronomical Journal，2003，126（1）：2687 – 2706.

［5］ HUANG C. Relativistic effects for Near – Earth satellite orbit determination. Celestial Mechanics and Dynamical Astronomy，1990（48）：167 – 185.

［6］ HOPFIELD H S. Two – quartic tropospheric refractivity profile for correcting satellite data［J］. Journal of Geophysical Research，1969，74（18）：4487 – 4499.

［7］ KLOBUCHAR J A. Ionospheric effects on GPS［J］. GPS World，1991，2（4）：48 – 51.

［8］ MANNUCCI A J，Boulet B，KOMJATHY A，et al. Sudden ionospheric delay decorrelation and its impact on WAAS［J］. Radio Science，2002，39：1 – 13.

［9］ MARINI J W. The effect of satellite spin on two – way doppler rang – rate measurements. IEEE Transactions on Aerospace and Electronic SYST，1971，7（2）：316 – 320.

［10］ BOLLJAHN J T. Effects of satellite spin on ground – received signal. IRE Transactions on Antennas and Propagation，1958，6（3）：260 – 267.

第 7 章
测量误差处理

　　地面测站发射电磁信号对探测器开展跟踪测量，电磁信号穿过地球对流层（Troposphere）、电离层、到达探测器，经星载设备转发后再返回地面测站，如图7-1所示。传播路径上的大气层、电离层使信号传播的路径发生变化，信号传播速度不等于真空中的传播速度，诸多影响因素使测量量不再是理想的几何距离及其变化关系。处理信号传播过程中的误差，还有诸多涉及硬件方面的误差，本章将一一展开论述。

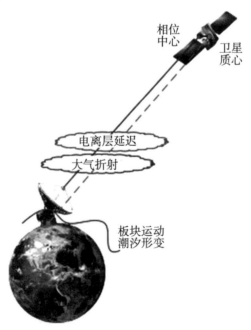

图 7 - 1　信号传输过程略图

■ 7.1　传播介质误差的修正

地球表面被稠密的大气包围，主要由气体分子、电子和离子组成，大气对电磁波的传播会产生显著影响，包括传播方向、传播速度。在行星际空间还存在等离子区，太阳附近还有日冕等离子区，它们也会对电磁波传播产生影响。从地面站发出的信号传播至探测器接收天线，或从探测器发出的信号传播至地面测站，均需要穿过大气层或是等离子区，导致电磁波信号传播路径与传播速度发生变化，从而引入了传播介质误差。

7.1.1　对流层误差的修正

对流层是地球大气层靠近地面的一层（图 7 - 2），是地球大气层里密度最高，质量占比约 75%，基本是水蒸气及气溶胶。对流层的下界与地面相接，上界高度随地理纬度和季节而变化，在低纬度地区平均高度为 17 ~ 18 km，在中纬度地区平均高度为 10 ~ 12 km，在高维度地区平均高度为 8 ~ 9 km，并且夏季高于冬季。

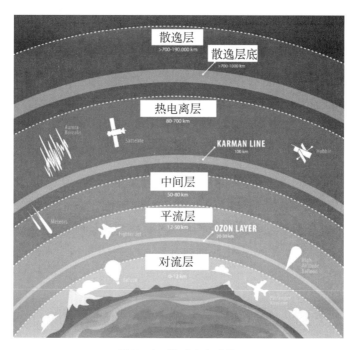

图 7 - 2　地球大气分层

地球对流层几乎全部由中性大气构成，中性大气对无线电波引起的传播延迟称为对流层延迟。在导航领域中的对流层与严格的大气科学中的对流层严格定义有所区别，为了便于考虑对流层延时，把从地球表面到平流层顶之间的区域都认为是对流层，即从 0 km 到约 50 km 的大气层区域。云、雾、雨、雪等众多天气现象都发生在对流层。对流层中主要的传播方式或效应有：大气折射、波导传播、对流层散射、多径传播、大气吸收，以及水汽凝结体和其他大气微粒的吸收和散射。

关于大气折射的理论研究始于 16 世纪末，直至 19 世纪 60 年代才发展到了多数学者认可的折射理论。大气折射理论认为，光线传播途径上各点的折射值与这些点的大气折射率的变化率和光线的入射角有关，总的折射量通过传播途径全程积分得到；频率低于 30 GHz 的电磁波折射与频率无关，其相折射率与群折射率相等，且折射率与人气的压强、温度和湿度密切相关。

由于对流层作用很强，且大气的压强、温度和湿度等因素变化复杂，所以对于大气折射率的变化及其影响目前尚难以准确地模型化。一般是将对流层延迟分为干（或流体静力学）延迟和湿延迟两部分。干延迟主要由干性大气（主要是 N_2 与 O_2）折射引起，干延迟约占总对流层延迟的 90%，可结合大气压使用先验模型较为精确的计算。

1. 无线电测量的对流层误差的修正模型

从对流层延迟的定义出发，根据大气折射率与测站气象元素（气温、气压、水汽压等）的关系拟合出模型的系数。通常将流体静力学和非流体静力学分量分别给出。无线电信号穿过对流层时总的对流层延迟可以表示为

$$D_L = m_h(e)D_{hz} + m_w(e)D_{wz} \tag{7.1}$$

其中，D_{hz} 与 D_{wz} 分别为天顶方向的干延迟与湿延迟；m_h 与 m_w 分别为干延迟与湿延迟映射函数；e 为真空中目标视方向高度角。在天顶方向，对流层折射可以使电磁波传播路径差达 2.3 m。映射函数的作用是将天顶延迟投影到实际的观测高度角处，当高度角低于 10°时，对流层延迟可达 20 m。对流层延迟与测站的海拔高、探测器高度角及信号传播路径上的气象条件密切相关，因情况的不同会有显著的变化。干延迟会随着季节与地理位置的变化而变化 80% ~ 100%。

Saastamoinen 模型和 Hopfield 模型是其 20 世纪 70 年代提出来的，也是推算

天顶延迟的两种常见模型。Saastamoinen 模型利用大气压和水汽压的近似分布，推算得到了卫星大地测量的信号延迟公式，模型输入参数包括卫星高度角，测站高度和测站纬度。而 Hopfield 模型的思路是分析探空获取的大气折射率的垂直分布，用一个 4 次分式拟合折射率，然后积分获取卫星信号延迟。Saastamoinen 模型和 Hopfield 模型均注意到了在流体静力学假设下可以从大气延迟中分离出一项，只用地面观测就可以准确计算，不需要考虑大气分布状态。但是 Saastamoinen 模型重点研究了这一静力学项与局地空气柱内平均重力的关系，加入纬度和高度改正项。而 Hopfield 模型重点研究水汽折射率的数值拟合。

根据 IERS 2010 规范，干分量部分产生的天顶延迟可以用 Davis 改进 Saastamoinen 模型描述，修正精度达到几毫米，具体形式为

$$D_{\mathrm{hz}} = \frac{\left[\,(0.002\,276\,8 \pm 0.000\,000\,5)\,\right]P_0}{f_s(\phi, H)} \tag{7.2}$$

其中，P_0 为天线参考点大气压（hPa）。

$$f_s(\phi, H) = 1 - 0.002\,66\cos(2\phi) - 0.000\,000\,28H \tag{7.3}$$

其中，ϕ 为测站大地纬度；H 为测站大地高度（m）。

湿分量延迟与沿视线方向的水蒸气密度成正比，而且密度值极其不稳定，基于本地数据的湿对流层静态分量模型，在天顶方向精度只有 4cm 左右。湿分量修正虽然经过多年发展，但是目前并没有特别有效的方法。

Hopfield 模型提供的湿分量天顶延迟为

$$D_{\mathrm{wz}} = 0.074\,651\,2\,\frac{e_s(h_{\mathrm{w}} - H)}{T^2} \tag{7.4}$$

$$e_s = U \cdot \exp(-37.246\,5 + 0.213\,166T - 0.000\,256\,908T^2) \tag{7.5}$$

式中，h_{w} 为湿天顶高度，通常取 11 000 m；H 为测站大地高度（m）；e_s 为地面水气压（hPa）；T 为绝对温度（K）；P 为地面大气压（hPa）；T 为地面温度对应的绝对温度（K）；U 为地面相对湿度。

提高对流层修正精度有两种方法：用 GPS 校准和用水汽辐射计校准。用 GPS 校准，总天顶延迟可精确到 1 cm 以上（相当于对流层折射延迟的 1.25%），转换为路径上的延迟后，测量误差被放大 $\dfrac{1}{\sin E}$，则 10° 仰角时的精度在 6 cm 量级。

更准确的校准，特别是在低仰角上，需要利用水汽辐射计准确测定电磁波传播路径上的水汽积累量，以便精确地计算大气湿分量的改正项，进而将低仰角的改正精度提高到 1.5～3 cm。

干分量与湿分量通用的高精度映射函数形式为

$$m_{h,w}(e) = \frac{1 + \dfrac{a}{1 + \dfrac{b}{1 + c}}}{\sin e + \dfrac{a}{\sin e + \dfrac{b}{\sin e + c}}} \tag{7.6}$$

对于高精度的导航定轨定位应用，推荐使用 VMF1（Vienna Mapping Function）模型。VMF1 通过射线瞄迹法使用 NWM 模型 3°以上确定系数 b 与 c，系数 a 由网站（http://ggosatm.hg.tuwien.ac.at/DELAY）提供，时间分辨率为 6 h。在精度要求稍低时，可以使用全球映射函数（Global Mapping Function，GMF），GMF 是一个经验映射函数，输入参数仅为测站经度、纬度、高度及年积日。GMF 易于使用，上述网站同时提供了标准程序。

图 7 - 3 所示为"嫦娥一号"探测器 2007 - 12 - 15 弧段双程测距观测量的对

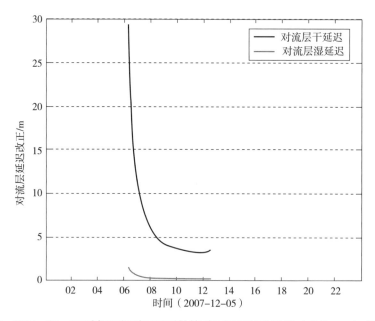

图 7 - 3　2007 - 12 - 15 弧段双程测距观测量的对流层延迟改正值（单位：m）（附彩插）

流层延迟改正值，采用经典的 Hopfield 延迟模型和 CfA2.2 投影函数计算，可以看到干、湿延迟产生的量级上的差异。

2. 光学测量技术的对流层修正模型

对于光学测量，对流层的影响可以分为干分量与非干分量两部分，Mendes 与 Pavlis 导出了天顶延迟的封闭表达式。

干分量天顶延迟为

$$D_{hz} = 0.002\ 416\ 579\ \frac{f_h(\lambda)}{f_s(\phi, H)} P_s \tag{7.7}$$

式中，P_s 为大气压（hPa）。

$$f_s(\phi, H) = 1 - 0.002\ 66\cos 2\phi - 0.000\ 000\ 28H \tag{7.8}$$

式中，ϕ 为测站大地纬度；H 为测站大地高度（m）。

$$f_h(\lambda) = 10^{-2} \times \left[k_1^* \frac{k_0 + \sigma^2}{(k_0 - \sigma^2)^2} + k_3^* \frac{k_2 + \sigma^2}{(k_2 - \sigma^2)^2} \right] C_{CO_2} \tag{7.9}$$

式中，$k_0 = 238.018\ 5\ \mu m^{-2}$，$k_2 = 57.362\ \mu m^{-2}$，$k_1^* = 19\ 990.975\ \mu m^{-2}$，$k_3^* = 579.551\ 74\ \mu m^{-2}$；$\sigma = \lambda^{-1}$，$\lambda$ 为波长（μm）；$C_{CO_2} = 1 + 0.534 \times 10^{-6}\ (x_c - 450)$，$x_c$ 为二氧化碳含量（ppm），一般取值为 $x_c = 375$ ppm，$C_{CO_2} = 0.999\ 959\ 95$。

对于非干分量部分天顶延迟，有

$$d_{nh}^z = 10^{-4}(5.316 f_{nh}(\lambda) - 3.759 f_h(\lambda)) \frac{e_s}{f_s(\phi, H)} \tag{7.10}$$

式中，e_s 为地面水气压，量纲为 hPa。

$$f_{nh}(\lambda) = 0.003\ 101(\omega_0 + 3\omega_1\sigma^2 + 5\omega_2\sigma^4 + 7\omega_3\sigma^6) \tag{7.11}$$

式中，$\omega_0 = 295.235$，$\omega_1 = 2.642\ 2\ \mu m^2$，$\omega_2 = -0.032\ 380\ \mu m^4$，$\omega_4 = 0.004\ 028\ \mu m^6$。

总的对流层延迟可以表示为

$$d_{atm} = d_{atm}^z \cdot m(e) \tag{7.12}$$

$$m(e) = \frac{1 + \dfrac{a_1}{1 + \dfrac{a_2}{1 + a_3}}}{\sin e + \dfrac{a_1}{\sin e + \dfrac{a_2}{\sin e + a_3}}} \tag{7.13}$$

$$a_i = a_{i0} + a_{i1}t_s + a_{i2}\cos\varphi + a_{i3}H \tag{7.14}$$

式中的系数如表 7-1 所示。

表 7-1　映射函数的系数

系数	系数值	系数	系数值	系数	系数值
a_{10}	$(12\ 100.8 \pm 1.9) \times 10^{-7}$	a_{20}	$(30\ 496.5 \pm 6.6) \times 10^{-7}$	a_{30}	$(6\ 877.7 \pm 1.2) \times 10^{-5}$
a_{11}	$(17\ 29.5 \pm 4.3) \times 10^{-9}$	a_{21}	$(234.6 \pm 1.5) \times 10^{-8}$	a_{31}	$(197.2 \pm 2.8) \times 10^{-7}$
a_{12}	$(319.1 \pm 3.1) \times 10^{-7}$	a_{22}	$(-103.5 \pm 1.1) \times 10^{-6}$	a_{32}	$(-345.8 \pm 2.0) \times 10^{-5}$
a_{13}	$(-1\ 847.8 \pm 6.5) \times 10^{-11}$	a_{23}	$(-185.6 \pm 2.2) \times 10^{-10}$	a_{33}	$(106.0 \pm 4.2) \times 10^{-9}$

7.1.2　电离层的影响与误差的修正

受太阳紫外线、X 射线辐射及高能粒子的影响，地球高层大气中的气体分子会部分电离，产生自由电子和正负离子，形成等离子区域，也就是电离层。电离层主要分布于地球大气层的顶部，约在地面向上 60~2 000 km。电离层会反射、折射、散射和吸收电磁波信号，导致电磁波信号的延迟及相位、振幅的不规则变化等。当电磁波穿过电离层时，电离层使电磁波相位传播速度（相速度）加快，而波内能量传播速度（群速度）变慢，该影响就称为电离层延迟。

电离层延迟的程度主要取决于电磁波传播路径上的总电子数与电磁波的频率。电磁波传播路径中所包含的总电子数称之为总电子含量 TEC（Total Electron Content）。TEC 的单位通常采用"电子数/m^2"，采用该单位时 TEC 的数值非常大，不方便使用，通常采用"10^{16}个电子/m^2"作为 TEC 的单位，及 TECU（Total Electron Content Unit）。

$$TEC = \int_{s'} N_e ds \tag{7.15}$$

式中，N_e 为电子密度；S 为电磁波传播路径。

由式（7.15）可知，电离层电子密度 N_e 是计算电离层延迟的关键，N_e 与以下因素有关：地理位置、地方时、太阳及其他天体的辐射强度和季节等。因此，电离层对电磁波的延迟除与频率和路径（主要是仰角和高度）有关外，也与上述因素有密切关系。大量实测资料表明，白天电离层对 S 频段信号的影响在天顶方向接近 1~5 m，最大可达十多米。夜晚的影响通常要小一个数量级；冬季比夏季大一倍；太阳活动高峰年比太阳活动低峰年大 4 倍；低仰角是天顶方向的数倍。

　　由于目前难以从理论上彻底理清总电子含量 TEC 与各种影响因素之间准确的函数关系式，所以电离层延迟修正一般用建立经验公式或利用双频修正的方法。

1. 模型修正法

　　电离层模型及其修正经验公式一般是根据全球或区域各观测站长期积累的大量观测资料拟合出来的，它们反映的是电离层长时间内的全球或区域平均状况。利用这些模型来估计某一时刻某一地点电离层延迟的精度均不够理想，其误差为实际延迟量的 20% ~40% 。

　　常见的电离层模型有 IRI 模型、Bent 模型、Klobuchar 模型。本节主要介绍利用格网模型计算电离层延迟。

　　（1）计算倾斜因子 F。

　　探测器在测站视线方向与电离层单层面的焦点称为穿刺点（图 7 - 4），标记为 I'，其与地心连线与地球表面的交点称为穿刺点足下点，标记为 I。计算电离层延迟时，先计算电离层天顶延迟，即从穿刺点至穿刺点足下点的延迟，而实际电波的传播路径由探测器至测站，因而需要再映射至视线方向，这两个方向之间的夹角记为 z，倾斜因子与该夹角的关系为 $F = \sec z$。

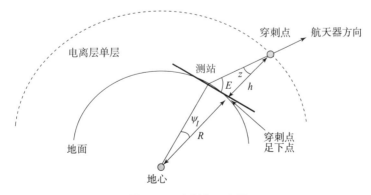

图 7 - 4　穿刺点示意图

$$z = \arcsin\left(\frac{R\cos E}{R + h}\right) \tag{7.16}$$

式中，R 为测站地心距；h 为穿刺点高度；E 为探测器高度角。

（2）计算测站与穿刺点足下点在地心的张角 Ψ_I。

$$\Psi_I = 90° - E - z \tag{7.17}$$

（3）计算穿刺点足下点的地理经纬度。

$$\varphi_I = \arcsin(\sin\varphi\cos\psi_I + \cos\varphi\sin\psi_I\cos A) \tag{7.18}$$

$$\lambda_I = \lambda + \arcsin\left(\frac{\sin\varphi_I\sin A}{\cos\varphi_I}\right) \tag{7.19}$$

式中，λ 和 φ 为测站的大地经纬度；A 为探测器方位角（图 7 - 5）。

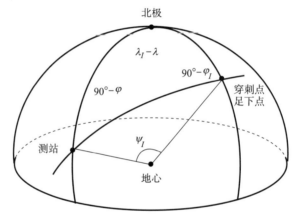

图 7 - 5　星下点方位角

（4）计算穿刺点足下点的地方时 t_I。

$$t_I = \text{UTC} + \frac{\lambda_I}{15}, \qquad t_I \in (0\text{h},24\text{h}) \tag{7.20}$$

式中，UTC，t_I 均以小时为单位。

（5）计算穿刺点电子浓度含量。

全球电子浓度图提供的电子浓度为格网或是谐系数。对于格网可以插值计算，在穿刺点足下点找相邻的 4 个节点（图 7 - 6），对应的电子浓度为

$$V = \sum_{i=1}^{4} W_i V_i \tag{7.21}$$

式中，

$$W_1 = W(x, y)$$

$$W_2 = W(1 - x, y)$$

$$W_3 = W(1 - x, 1 - y)$$

$$W_4 = W(x, 1 - y)$$

$$W(x, y) = x^2 y^2 (9 - 6x - 6y + 4xy)$$

x, y 为穿刺点坐标的函数，$x = \dfrac{\lambda - \lambda_1}{\lambda_2 - \lambda_1}, y = \dfrac{\varphi - \varphi_1}{\varphi_2 - \varphi_1}$。

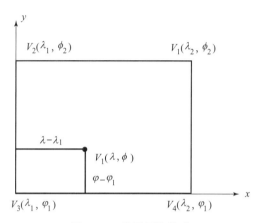

图 7 - 6　格网插值算法

（6）计算电离层延迟。

$$\rho_{\text{iono}} = 0.402\ 8\ \frac{V(\lambda, \varphi)}{f^2} F \tag{7.22}$$

式中，f 为跟踪频率（GHz），电离层延迟单位为 m。

2. 双频修正法

如果探测器的跟踪测量采用双频信号，则可以通过双频观测量的综合处理直接求出电离层修正量。双频修正法的原理如下：设探测器发射两个频率的载波信号，由于两种不同频率的信号沿同一路径传播，两者具有相同的 TEC。首先写出用相路径表示的几何距离观测方程

$$\rho = \rho' + \frac{A_1}{f^2} + \frac{\dfrac{A_2}{2}}{f^3} + \frac{\dfrac{A_3}{3}}{f^4} \tag{7.23}$$

式中，ρ 为几何距离；ρ' 为相路径；$A_1 = 0.402\ 8\text{TECU}$。对于两个频率（$f_2 = $

αf_1），忽略高阶项，有

$$\begin{cases} \rho = \rho'_1 + \dfrac{A_1}{f_1^{\,2}} \\[2mm] \rho = \rho'_2 + \dfrac{A_1}{f_2^{\,2}} \end{cases} \tag{7.24}$$

解方程组得到

$$\begin{cases} \rho = \dfrac{f_1^{\,2}}{f_1^{\,2} - f_2^{\,2}}\rho'_1 - \dfrac{f_2^{\,2}}{f_1^{\,2} - f_2^{\,2}}\rho'_2 \\[3mm] A_1 = \dfrac{f_1^{\,2} f_2^{\,2}}{f_1^{\,2} - f_2^{\,2}}(\rho'_1 - \rho'_2) \end{cases} \tag{7.25}$$

由于用不同频率测距时，除电离层延迟不同外，其他误差均相同，故 ρ'_1 和 ρ'_2 相减后，这些误差皆可消去，因而 A 中只有噪声影响。设 ρ'_1，ρ'_2 的观测噪声分别为 m_1 和 m_2，则 f_1 频率信号电离层延迟的噪声为

$$\begin{cases} \rho = \dfrac{f_1^{\,2}}{f_1^{\,2} - f_2^{\,2}}\rho'_1 - \dfrac{f_2^{\,2}}{f_1^{\,2} - f_2^{\,2}}\rho'_2 \\[3mm] A_1 = \dfrac{f_1^{\,2} f_2^{\,2}}{f_1^{\,2} - f_2^{\,2}}(\rho'_1 - \rho'_2) \end{cases} \tag{7.26}$$

利用双频修正法可以将电离层修正精度提高到几个 cm 的量级。若要进一步提高对流层和电离层修正的精度，通常的一个做法是对模型修正后的残余误差在精密定轨时分段解算天顶延迟参数予以进一步消除，这里不再进一步具体讨论。

7.1.3　行星际等离子体误差的修正

太阳风是由日冕和行星际空间的巨大压力差造成的，太阳风向外流动，在行星际空间形成巨大的不均匀等离子体区，这些等离子体区伴随着太阳磁场的波动有显著变化，如图 7-7 所示。在深空探测行星际飞行阶段，探测器转发的无线电信号穿过太阳系等离子区时会受到影响，其影响机制与地球电离层延迟影响相同。

值得一提的是，太阳风和等离子会导致策略链路中的折射率不稳定，可以采用更高频信号来降低其中产生的噪声。展开来说，对于冷非磁化等离子体折射率（δn）公式可以写为

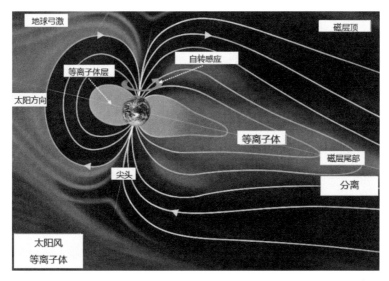

图 7 - 7　太阳风等离子（附彩插）

$$\delta n = -\lambda^2 r_e \delta n_e / 2\pi \tag{7.27}$$

其中，λ 为波长；r_e 为典型电子半径；δn_e 是 z 方向电子密度波动。信号载波上的相位扰动（$\delta\varphi$）为

$$\delta\phi = -\int \lambda r_e \delta n_e \mathrm{d}z \tag{7.28}$$

载波相位上的扰动模拟时变的距离变化，因此影响速度测量（$\delta\dot{\rho}$）：

$$\delta\dot{\rho} = \frac{\lambda}{2\pi}\delta\dot{\phi} = -\int \frac{\lambda^2}{2\pi} r_e \frac{\delta n_e}{\delta t}\mathrm{d}z \tag{7.29}$$

从实用角度出发，在数据处理过程中，在修正等离子体带来的误差时，首先使用经验模型计算信号传播路径上的总电子含量，然后计算电波的时间延迟，最后乘以光速转换为测距的修正量。行星际等离子体引起的无线电信号传播延时为

$$\delta t = \frac{40.3}{c \cdot f^2}\int_{p_1}^{p_2} N_e \mathrm{d}s$$

$$= \frac{40.3}{c \cdot f^2}\mathrm{TEC} \tag{7.30}$$

其中，c 表示光速；f 表示无线电信号频率（GHz）；TEC 表示积分路径上的总电子含量；N_e 表示等离子密度。

$$N_e = \frac{A}{r^6} + \frac{\sqrt{a^2\sin^2\beta + b^2\cos^2\beta}}{r^2}$$

$$= \frac{A}{r^6} + \frac{B}{r^2} \tag{7.31}$$

其中，r 为以太阳半径为单位表示的日心距离；β 为日心纬度。根据文献各系数的取值为 $A = 1.06 \times 10^8$，$a = 4.89 \times 10^5$，$b = 3.91 \times 10^5$。

影响距离修正精度的主要因素是 N_e，它是一个与时间高度相关的参数。Trevor Moley 等人于 2007 年利用 Rosetta，MEX 与 VEX 的测量数据进行了模型修正，给出的最新结果为

$$N_e = K_p\left(\frac{1.3 \times 10^8}{r^6} + \frac{0.5 \times 10^6}{r^2}\right) \tag{7.32}$$

其中，K_p 为尺度因子，先验值为 1，定轨计算中可以根据需要进行估算。利用该结果，在日凌期间，定轨残差减小了近 20%。图 7 – 8 给出了自 2012 年起太阳等离子区对火星探测器信号传播的延迟影响。

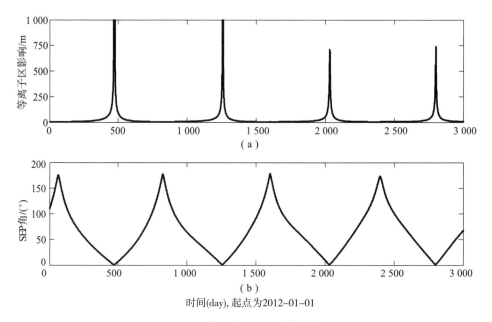

时间(day)，起点为2012–01–01

图 7 – 8　等离子区对信号传播影响

（a）等离子区引起的信号传播延迟；（b）SEP 角

7.1.4 测速型观测数据的传播介质误差的修正

测速型观测数据的传播介质误差的修正可通过测距型数据的修正公式差分计算。以测速为例，其传播介质误差修正公式为

$$\dot{\rho}_m = \frac{\rho_m(t_2) - \rho_m(t_1)}{\Delta T} \tag{7.33}$$

式中，ρ_m 为测距传播介质误差修正；t_1, t_2 分别对应积分周期的开始与结束；ΔT 为积分周期。

■ 7.2 其他测量误差的修正

在探测器跟踪测量中，除传播介质对信号传播产生影响外，测量设备本身也总会存在一定的系统性偏差，如果不加以修正，这种误差会严重影响测量数据的精度。通常根据引起各类系统误差的变化规律和产生机理，可以建立相应的数学模型加以修正。

7.2.1 时标偏差的影响与误差的修正

测量数据的处理通常需要在统一的时空参考系中完成，而各设备实际测量中均按自身的时间系统进行采样与记录，这些采样时刻之间会存在一定的同步误差。时间偏差主要由测量设备时钟同步偏差及数据记录过程中的精度损失导致，这里统称为时标偏差。

时间同步精度包括授时精度与守时精度。授时精度取决于授时方法和授时设备自身精度；守时精度取决于测站频率标准稳定度。时标偏差引起的测量误差通常与目标的运动特性、误差传播规律及测量体制相关，无法通过通用模型进行描述。数据时标偏差误差可通过多项式近似计算

$$\Delta\tau(t) = a_0 + a_1(t - t_0) + a_2(t - t_0)^2 \tag{7.34}$$

其中，t_0 表示参考历元；系数 a_0, a_1, a_2 通过设备标校数据拟合得到。

对于测距、测速观测类型，该误差可以通过以下公式进行很好的修正：

$$\begin{cases} \Delta\rho(t) = \dot{\rho}\Delta\tau(t) \\ \Delta\dot{\rho}(t) = \ddot{\rho}\Delta\tau(t) \end{cases} \tag{7.35}$$

其中，$\dot{\rho}$ 为探测器相对测站的视向速度，近似取为测速值；$\ddot{\rho}$ 为视向加速度。

对近地探测器，视向速度一般在正负几 km 的范围内变化，视向加速度在几十 m/s² 的范围内变化。微秒级的数据时标，将引入毫米级的测距计算误差和微米每秒的测速计算误差，该误差远小于当前测控的测量精度。因此，时标表示精度达微秒即可满足要求。在实际初级处理中，如果无法事先得到各测站观测数据时标偏差 $\Delta\tau(t)$，则可在定轨处理中予以解算或者在事后残差分析中确定。

7.2.2　天线相位中心误差的修正

观测模型给出的理论计算值直接计算探测器质心与测站站址的相对关系，测量值为探测器与测站相位中心之间的相对关系，而站址位置与测站天线相位中心、星上天线相位中心与探测器质心并不完全重合，这就使测量值与理论计算值不完全一致。因此，在数据处理中需要对观测数据进行相位中心的修正。相位中心修正包括测站天线的相位中心相对站址的误差修正与探测器天线的相位中心的误差修正。

1. 测站天线的相位中心相对站址的误差修正

测站跟踪天线的主轴与副轴通常呈正交状态，但是不相交，标记天线主轴与副轴之间的距离为轴偏 b。当天线跟踪探测器时，由于存在轴偏，主轴旋转时，副轴也会相对地球发生运动。图 7 – 9 描述了地面测站跟踪探测器示意图，天线主轴是纸面所在的平面，副轴垂直于纸面，副轴与主轴存在一个垂线偏差 b。

通常测量探测器的往返光行时是在天线副轴进行发射和接收校准的，因而天线修正具有以下通用形式

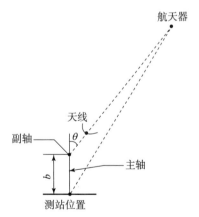

图 7 – 9　测站天线的相位中心相对站址的误差修正

$$\Delta\rho_{\text{TTC}} = -b\cos\theta \tag{7.36}$$

2. 探测器天线的相位中心的误差修正

一般探测器上转发天线的相位中心可以事先根据天线安装的位置，在星体坐标系中给出，记为 $\Delta\vec{r}_{\text{PC}}$。当探测器上天运行后，需要根据探测器当时的姿态将相位中心位置通过坐标转换计算出在地心天球参考系中的坐标分量

$$\Delta\vec{r}_{\text{PCI}} = \boldsymbol{T}_{\text{M2I}}\Delta\vec{r}_{\text{PC}} \tag{7.37}$$

式中，$\boldsymbol{T}_{\text{M2I}}$ 为机械坐标系至地心天球参考系的转换矩阵。机械坐标系原点位于星箭对接框中心，x 轴与探测器飞行方向相同，y 轴轨道面法向的负方向，z 轴指向地心。根据两坐标系的定义得到转换矩阵，得

$$\boldsymbol{T}_{\text{M2I}} = \boldsymbol{M}_{\text{O2I}}\boldsymbol{M}_{\text{M2O}} \tag{7.38}$$

式中，$\boldsymbol{M}_{\text{M2O}}$ 为从机械坐标系到轨道坐标系的坐标转换矩阵，

$$\boldsymbol{M}_{\text{M2O}} = R_x(-\psi)R_y(-\theta)R_x(-\varphi) \tag{7.39}$$

式中，ϕ 为探测器姿态的滚动角；θ 为俯仰角；ψ 为偏航角；$\boldsymbol{R}_x,\boldsymbol{R}_y$ 分别表示绕 x 轴、y 轴旋转某个角度的旋转矩阵，有

$$\boldsymbol{R}_x(\theta) = \begin{bmatrix} 1 & 0 & 0 \\ 0 & \cos\theta & \sin\theta \\ 0 & -\sin\theta & \cos\theta \end{bmatrix} \tag{7.40}$$

$$\boldsymbol{R}_y(\theta) = \begin{bmatrix} \cos\theta & 0 & -\sin\theta \\ 0 & 1 & 0 \\ \sin\theta & 0 & \cos\theta \end{bmatrix} \tag{7.41}$$

$\boldsymbol{M}_{\text{O2I}}$ 为轨道坐标系到地心天球参考系的转换矩阵：

$$\boldsymbol{M}_{\text{O2I}} = [\,\hat{e}_1 \quad \hat{e}_2 \quad \hat{e}_3\,] \tag{7.42}$$

其中，

$$\hat{e}_2 = \frac{\dot{\vec{r}} \times \vec{r}}{|\dot{\vec{r}} \times \vec{r}|}$$

$$\hat{e}_3 = -\frac{\vec{r}}{r}$$

$$\hat{e}_1 = \hat{e}_2 \times \hat{e}_3$$

得到探测器相位中心在地心天球参考系中的位置分量后，可以计算探测器天线的

相位中心对测距计算值的修正为

$$\Delta\rho_{sat} = \left|\vec{r} + \Delta\vec{r}_{PCI} - \vec{R}\right| - \left|\vec{r} - \vec{R}\right| \approx \frac{(\vec{r} - \vec{R}) \cdot \Delta\vec{r}_{PCI}}{\rho} \tag{7.43}$$

7.2.3　通道时延

通道时延包括星上的通道时延和测站信号通道时延，包括从测站天线馈源接收电磁波信号至数据采集记录的时间，星上通道时延受空间环境影响，延迟量有一定变化。在短时间内（1 个跟踪弧段内）可以近似认为是一个常值，可以根据事先测得的相关数据进行修正，也可在定轨时进行估值解算。

测站通道时延通常在每次跟踪前后的标校以获取精确的通道延迟值，其标定精度可达 10 ps；星上通道时延可以在卫星发射前进行标定，也就是常说的转发延迟，但是由于受空间环境影响比较明显，星上通道延迟通常无法完全扣除。残余通道延迟量对测距及多普勒测量的影响为

$$\begin{cases} \Delta\rho = c\Delta\tau \\ \Delta\dot{\rho} = c\Delta\dot{\tau} \end{cases} \tag{7.44}$$

式中，c 为光速；$\Delta\tau$ 为残余通道时延；$\Delta\dot{\tau}$ 为残余通道时延变化率。

7.2.4　探测器自旋误差的修正

探测器通常采用三轴稳定或是自旋来维持姿态的稳定。对于自旋探测器，自旋会对无线电测量数据产生影响：一种影响只与卫星自旋周期相关，与天线的安装位置无关，称为 Marini 效应，影响多普勒测速；另一种影响是卫星的自旋导致星载天线绕着相位中心旋转，引起跟踪站与星载天线的距离变化。

式（7.45）为 Marini 修正公式，表示第一类效应对多普勒测量的影响，对于固定的自旋周期，该修正是一个常值。式中，$\delta\dot{\rho}$ 表示自旋对多普勒观测数据的影响；k 表示星上转发比；λ_t 表示上行信号的波长；f_s 表示卫星的自旋频率。

$$\left|\delta\dot{\rho}\right| \approx \frac{\left|1 \pm \dfrac{1}{k}\right|}{2}\lambda_t f_s \tag{7.45}$$

图 7 - 10 为测站对自旋卫星的跟踪示意图。$\vec{r}_s$ 为由测站指向卫星质心的矢量，$\vec{r}'_s$ 为由测站指向星载天线的位置矢量，$+x$ 为卫星自转轴，$\vec{r}_b$ 为卫星质心指向天线

的矢量，φ 为 $\vec{r}_s$ 与 $\vec{r}_s'$ 的夹角，$\vec{\omega}$ 表示自旋角速度矢量。

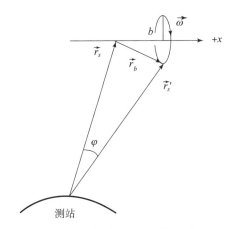

图 7-10　侧立方对自旋卫星的跟踪示意图

略去推导过程，自旋对于多普勒测量的影响可以表示为

$$\delta\dot{\rho} = \omega b \sin(\theta(t))\sin(\omega t + \phi_0) \tag{7.46}$$

式中，$\theta(t)$ 表示 $\vec{r}_s$ 与自旋轴的夹角；ϕ_0 表示初始相位。

7.2.5　典型案例

本节以"卡西尼号"和"罗塞塔号"任务为例，可以简单展示一下误差修正的影响。欧空局 Rosetta 任务旨在对彗星 67P/Churyumov-Gerasimenko 进行详细的探测和研究，是人类历史上首个结合轨道器环绕探测和着陆器就位探测的彗星任务。Rosetta 探测器于 2004 年 3 月份发射，历经 3 次地球借力，1 次火星借力，两次小行星飞掠（小行星 2867 Steins 和小行星 21 Lutetia）以及长达 3 年的深空休眠期，于 2014 年 8 月 6 日抵达目标。经过多次轨道机动，Rosetta 探测器携带的小型着陆器 Philae 于 2014 年 11 月 12 日着陆于彗星 67P 表面。从 2014 年 11 月—2016 年 9 月，Rosetta 探测器利用其携带的 10 种仪器对彗星 67P 进行了详细的科学探测，2016 年 9 月 30 日随着 Rosetta 探测器在彗星表面硬着陆，历时 12 年的任务也圆满结束。Iess 等人根据"卡西尼号"和"罗塞塔号"任务总共约 7 年的数据，分别处于在不同时期和日心距收集，详细地讨论了测量噪声模型，具有一定代表性。欧空局 Rosetta 任务旨在对彗星 67P/Churyumov-Gerasimenko 进行详细的探测和研究，是人类历史上首个结合轨道器环绕探测和着陆器就位探测的彗星任务。

1997 年 10 月，美国国家航空航天局、欧空局和意大利航天局联合发射了卡西尼－惠更斯号。2004 年 6 月 30 日，卡西尼－惠更斯联合探测器进入土星环绕轨道。2004 年 12 月 25 日，释放了欧空局的惠更斯号探测器进入了土卫 Titan 大气层，并于 2005 年 1 月 14 日在其表面成功着陆。主探测器探测土星系统长达 4 年，约 70 圈轨道，主要是开展土星大气层、磁层、土星环组成、结构和动力学过程等方面的研究。

在图 7－11 和图 7－12 中，SEP（Sun－Earth－Probe）表示太阳－地球－探测器三者构成的角度，G/S 表示地面站，S/C 表示探测器本体。对于罗塞塔号，考虑位于南半球澳大利亚新诺西亚测站跟踪时对流层误差；而卡西尼号则考虑北半球的位于加利福尼亚的金石站和西班牙的罗伯多站。从总体上看，两个任务的预测总噪声和计算后观测噪声量级非常一致。在 60 s 积分时间下要达到 0.01 mm/s 的测速精度，等离子体（Plasma）噪声、对流层湿延迟（Wet Troposphere）和定轨软件产生的数值噪声（Numerical Noise）要消除干净，这几类误差占到主导项。此外，可以看到 SEP 也与噪声存在较大相关性，角度小于 30°，Plasma 导致的噪声异常显著。

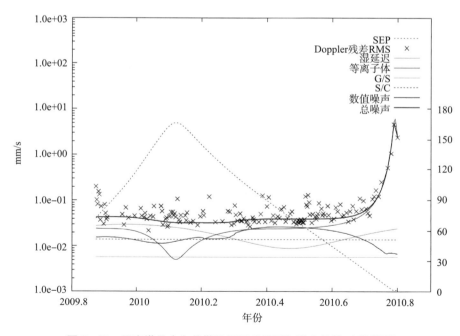

图 7－11　罗塞塔号中多普勒数据误差模型与噪声比较（附彩插）

这个案例结合 ESA 和 NASA 的深空探测系统还给出一些结论。行星际和电离层等离子体噪声会影响多普勒、测距和 Delta – DOR 等观测量。对流层噪声主要来源于水汽则影响多普勒和 Delta – DOR，对测距影响略小。计算中的数值噪声主要影响多普勒观测量。地面和星上天线产生的多路径效应和时变相位延迟则主要影响测距量。

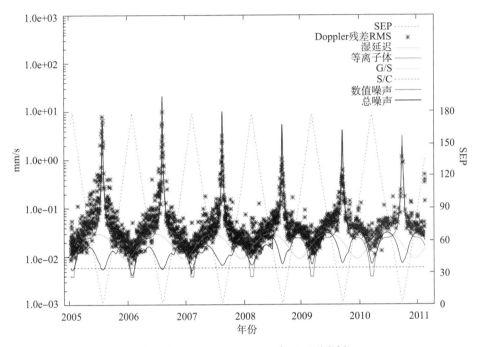

图 7 – 12　自旋探测器跟踪示意图（附彩插）

参考文献

［1］　MOYER T D. Formulation for observed and computed values of deep space network data types for navigation ［M］. California：Jet Propulsion Laboratory，2000.

［2］　PETIT G，LUZUM B. IERS Conventions（2010），IERS Technical Note No. 36 ［R］. Paderborn：Bonifatius GMBH，2010：1 – 179.

［3］　SOFFEL M，KLIONER A S，PETIT G，et al. The IAU 2000 resolutions for astrometry，celestial mechanics，and metrology in the relativistic framework：explanatory supplement〔J〕. The Astronomical Journal, 2003, 126（1）: 2687 – 2706.

〔4〕 HOPFIELD H S. Two – quartic tropospheric refractivity profile for correcting satellite data〔J〕. Journal of Geophysical Research, 1969, 74（18）: 4487 – 4499.

〔5〕 KLOBUCHAR J A. Ionospheric effects on GPS〔J〕. GPS World, 1991, 2（4）: 48 – 51.

〔6〕 MANNUCCI A J, BOULET B, KOMJATHY A, et al. Sudden ionospheric delay decorrelation and its impact on WAAS〔J〕. Radio Science, 2002, 39: 1 – 13.

〔7〕 MARINI J W. The effect of satellite spin on two – way doppler rang – rate measurements〔J〕. IEEE Transactions on Aerospace and Electronic SYST, 1971, 7（2）: 316 – 320.

〔8〕 BOLLJAHN J T. Effects of satellite spin on ground – received signal〔J〕. IRE Transactions on Antennas and Propagation, 1958, 6（3）: 260 – 267.

〔9〕 VERMA A, FIENGA A. Electron density distribution and solar plasma correction of Radio signals using MGS, MEX and VEX spacecraft navigation data〔J〕. Astronomy & Astrophysics, 2012, 550: A124.

〔10〕 LUCIANO I, BENEDETTO M D, JAMES N, et al. Astra: interdisciplinary study on enhancement of the end – to – end accuracy for spacecraft tracking techniques〔J〕. ACTA ASTRONAUTICA, 2014, 94（2）: 699 – 707.

〔11〕 叶茂. 月球探测器精密定轨软件研制与四程中继跟踪测量模式研究〔D〕. 武汉: 武汉大学, 2016: 1 – 125.

定轨的基本过程为利用含有测量误差的测量数据，结合航天器受到的动力学约束，获取航天器状态的最佳估值。对于精密定轨，传统上称为轨道改进，由于可以在卫星定轨的同时确定一些与轨道相关的动力学或是测量上的物理参数，对传统意义下单纯的轨道改进进行了扩充，现在称为精密定轨或者轨道确定与参数估计。定轨计算一般采用基于线性估计技术的统计动力学法，因此也称为统计定轨。

8.1 精密定轨过程

精密定轨是求解待估参数使观测量"最佳"拟合的过程，即在基于动力学模型计算的理论值和观测量数据之间，使两者的误差平方和最小。探测器满足动力学方程建立起时间（探测器位置）和加速度之间的动力关系。地面射电跟踪数据则建立起对应时间（探测器位置）和观测量之间的测量关系。前者是探测器运动的原因，后者是为探测器相关动力学提供约束，后者为我们理解前者提供信息。由此，可以建立这两者之间的关系，称为观测方程：

$$O_i = C_i [X_i (X_0 , t_0 , t_i) , t_i] + \varepsilon_i \tag{8.1}$$

式中，在 t_i 时刻下的观测值为 O_i；ε_i 为观测噪声；C_i 为理论观测值，由探测器状

态矢量 $X_i = \begin{bmatrix} r_i \\ \dot{r}_i \\ p_i \end{bmatrix}$ 中的探测器位置结合地面观测站坐标计算得到；r 是位置，$\dot{r}$ 是速

度, p 为其他与观测量有关的参数; (X_0, t_0) 分别表示待求参数初始值和初始时刻。精密定轨就是基于获取的 n 个有效观测值使 $[\varepsilon]^{\mathrm{T}} W[\varepsilon] \cong 0$, 变量没有下标 i 表示观测值有多个, 其中 $W = \mathrm{diag}(\sigma_1^{-2}, \sigma_2^{-2}, \cdots, \sigma_i^{-2})$, 为权重, 是由观测量测量精度决定的矩阵, σ 表示对应观测值的噪声水平。

由于难以获取探测器位置递推解析表达, 因此需要进行线性化。由于实际中 X_0 也是不精确已知的, 需要一段时间观测值约束, 进而解算, 这也是精密定轨的目的。假设 X_0^* 是接近初始真实值, X^* 接近真实轨道状态, 则有:

$$x = X - X^* \tag{8.2}$$

求 t 一阶导 $\dot{X} = \begin{bmatrix} \dot{r} \\ \ddot{r} \\ 0 \end{bmatrix}$, $\ddot{r}$ 是加速度项, 则有:

$$\dot{x} = \dot{X} - \dot{X}^* \tag{8.3}$$

在 X^* 处将微分方程做泰勒级数展开, 可以在 X^* 处展开:

$$\dot{x} = \left[\frac{\partial \dot{X}}{\partial X}\right](X^*, t) x + \cdots \tag{8.4}$$

由于 X^* 已经很接近真实值, 考虑一次项就足够精确, 省略 x 二阶及以上的项, 则保留 $\left[\frac{\partial \dot{X}}{\partial X}\right](X^*, t)$, 记作 $A(t)$, 即探测器的速度和加速度对待求参数求偏导。探测器状态矢量对待求参数求偏导称之为设计矩阵或映射矩阵 $D(t, t_0) = \left[\frac{\partial X}{\partial X_0}\right]$, 还可以细分为状态转移矩阵 $\Phi(t, t_0)$ (对探测器初始轨道求偏导) 和参数敏感矩阵 $S(t, t_0)$ (对其他与时间无关的参数求偏导)。S 矩阵中还需要区别局部参数和全局参数的参数敏感, 如太阳光压、测量偏差、测站偏差等具有单弧段特性的参数属于局部参数, 如重力场系数、固体潮勒夫数等在多个弧段都需要保持一致自洽属于全局参数, 展开可以写成:

$$D = \begin{bmatrix} \Phi & S \end{bmatrix} = \begin{bmatrix} \left[\dfrac{\partial r(t)}{\partial (r(t_0), \dot{r}(t_0), p)}\right] \\ \left[\dfrac{\partial v(t)}{\partial (r(t_0), \dot{r}(t_0), p)}\right] \end{bmatrix} \tag{8.5}$$

Φ 涉及的初轨也属于局部参数。以解算探测器初始轨道根数为例, 方程可以

退化成 $\dot{x} = A(t)x$，此方程的解 $x = \boldsymbol{\Phi}(t,t_0)x_0$，仅保留状态转移矩阵。求解此方程需要先对 t 求导 $\dot{x} = \dot{\boldsymbol{\Phi}}(t,t_0)x_0$，综合可以写成 $\dot{\boldsymbol{\Phi}}(t,t_0) = A(t)\boldsymbol{\Phi}(t,t_0)$，展开可得：

$$\begin{cases} \dot{\boldsymbol{\Phi}} = \begin{pmatrix} \boldsymbol{0}_{3\times3} & \boldsymbol{I}_{3\times3} \\ \dfrac{d\vec{a}}{d\vec{r}} & \dfrac{d\vec{a}}{d\dot{\vec{r}}} \end{pmatrix} \boldsymbol{\Phi} \\ \boldsymbol{\Phi}(t_0,t_0) = \boldsymbol{I} \end{cases} \tag{8.6}$$

其中，a 为探测器受到的加速度，需要借助积分器解算此变分方程，加速度导数见 2.2.3 小节。同理，若解算其他弧段参数和初始轨道根数，则采用映射矩阵，构成新的变分方程，借助积分器求解。

进一步，观测方程也可以在 X^* 处展开：

$$O = C(X,t) + \varepsilon = C(X^*,t) + \left[\frac{\partial C}{\partial X}\right](X^*,t)x + \cdots + \varepsilon \tag{8.7}$$

令 $\tilde{\boldsymbol{H}} = \left[\dfrac{\partial C}{\partial X}\right](X^*,t)$，泰勒级数展开的第一余项代表观测值对待估参数的偏导数，由观测模型给出。运动方程状态转移完整式子 $x = \boldsymbol{D}(t,t_0)x_0$，$\boldsymbol{D}$ 由积分器解算，进一步简化为

$$O - C(X^*,t) = \tilde{\boldsymbol{H}}x + \varepsilon = \tilde{\boldsymbol{H}}\boldsymbol{D}(t,t_0)x_0 + \varepsilon \tag{8.8}$$

进一步简化左等式就是观测残差，记作 y；$\tilde{\boldsymbol{H}}\boldsymbol{D}(t,t_0) = \left[\dfrac{\partial C}{\partial X}\right]\left[\dfrac{\partial X}{\partial X_0}\right]$，记作 $\boldsymbol{H}$，构建起观测值和待估参数之间的关系。通俗来讲，要对探测器初始状态及待估参数求偏导数，需要实时探测器动力学状态作为中间桥梁。标准的误差方程形式为

$$y = \boldsymbol{H}x_0 \tag{8.9}$$

为使 $[\varepsilon]^{\mathrm{T}}\boldsymbol{W}[\varepsilon] \cong 0$，由最小二乘法可以解得 $\hat{x}_0 = (\boldsymbol{H}^{\mathrm{T}}\boldsymbol{W}\boldsymbol{H})^{-1}\boldsymbol{H}^{\mathrm{T}}\boldsymbol{W}y$，需要经过几次迭代计算，迭代结束的标志是两次相邻计算结果得到的观测值残差的均方根差异小于 2%。需要注意的是，这里 $\hat{x}_0$ 一般仅涉及单个弧段参数称为局部参数。对于全局参数的求解，需要组合多弧段法方程，先在单弧段定轨中输出 $\boldsymbol{H}$ 矩阵信息，最后重新组合成多弧段联合法方程。若部分待求参数具有一定先验信息或者约束，可以采用带有约束的最小二乘估计，$\hat{x}_0 = (\boldsymbol{H}^{\mathrm{T}}\boldsymbol{W}\boldsymbol{H} + \boldsymbol{P}_0^{-1})^{-1}(\boldsymbol{H}^{\mathrm{T}}\boldsymbol{W}y +$

$P_0^{-1} x_0^*$)。其中，P_0 是先验协方差矩阵；x_0^* 是待求参数的约束。

为了便于后续编程使用，现在给出状态转移矩阵和动力学参数偏导数相关具体形式。

（1）状态转移矩阵的具体形式为

$$
\boldsymbol{\Phi}(t,t_0) = \frac{\partial[\vec{r}(t),\dot{\vec{r}}(t)]}{\partial[\vec{r}(t_0),\dot{\vec{r}}(t_0)]}
$$

$$
= \begin{bmatrix} \dfrac{\partial\vec{r}(t)}{\partial\vec{r}(t_0)} & \dfrac{\partial\vec{r}(t)}{\partial\dot{\vec{r}}(t_0)} \\[3mm] \dfrac{\partial\dot{\vec{r}}(t)}{\partial\vec{r}(t_0)} & \dfrac{\partial\dot{\vec{r}}(t)}{\partial\dot{\vec{r}}(t_0)} \end{bmatrix}_{6\times6} \tag{8.10}
$$

状态转移矩阵对时间的导数为

$$
\frac{\mathrm{d}}{\mathrm{d}t}\frac{\partial[\vec{r}(t),\dot{\vec{r}}(t)]}{\partial[\vec{r}(t_0),\dot{\vec{r}}(t_0)]} = \begin{bmatrix} \dfrac{\partial\dot{\vec{r}}(t)}{\partial\vec{r}(t_0)} & \dfrac{\partial\dot{\vec{r}}(t)}{\partial\dot{\vec{r}}(t_0)} \\[3mm] \dfrac{\partial\ddot{\vec{r}}(t)}{\partial\vec{r}(t_0)} & \dfrac{\partial\ddot{\vec{r}}(t)}{\partial\dot{\vec{r}}(t_0)} \end{bmatrix}
$$

$$
= \begin{bmatrix} \dfrac{\partial\dot{\vec{r}}(t)}{\partial\vec{r}(t_0)} & \dfrac{\partial\dot{\vec{r}}(t)}{\partial\dot{\vec{r}}(t_0)} \\[3mm] \dfrac{\partial\ddot{\vec{r}}(t)}{\partial\vec{r}(t)}\dfrac{\partial\vec{r}(t)}{\partial\vec{r}(t_0)} + \dfrac{\partial\ddot{\vec{r}}(t)}{\partial\dot{\vec{r}}(t)}\dfrac{\partial\dot{\vec{r}}(t)}{\partial\vec{r}(t_0)} & \dfrac{\partial\ddot{\vec{r}}(t)}{\partial\vec{r}(t)}\dfrac{\partial\vec{r}(t)}{\partial\dot{\vec{r}}(t_0)} + \dfrac{\partial\ddot{\vec{r}}(t)}{\partial\dot{\vec{r}}(t)}\dfrac{\partial\dot{\vec{r}}(t)}{\partial\dot{\vec{r}}(t_0)} \end{bmatrix}_{6\times6}
$$

$$\tag{8.11}$$

也可表示为

$$
\frac{\mathrm{d}}{\mathrm{d}t}\boldsymbol{\Phi}(t,t_0) = \begin{bmatrix} \boldsymbol{0}_{3\times3} & \boldsymbol{I}_{3\times3} \\[3mm] \dfrac{\partial\ddot{\vec{r}}(t,r,v)}{\partial\vec{r}(t)} & \dfrac{\partial\ddot{\vec{r}}(t,r,v)}{\partial\dot{\vec{r}}(t)} \end{bmatrix}_{6\times6} \cdot \boldsymbol{\Phi}(t,t_0) \tag{8.12}
$$

（2）动力学参数偏导数相关具体形式为

$$
\frac{\partial[\vec{r}(t),\dot{\vec{r}}(t)]}{\partial p} = \begin{bmatrix} \dfrac{\partial\vec{r}(t)}{\partial p} \\[3mm] \dfrac{\partial\dot{\vec{r}}(t)}{\partial p} \end{bmatrix} \tag{8.13}
$$

偏导数对时间的导数为

$$\frac{\mathrm{d}}{\mathrm{d}t}\frac{\partial[\vec{r}(t),\dot{\vec{r}}(t)]}{\partial p} = \begin{bmatrix} \dfrac{\partial\dot{\vec{r}}(t)}{\partial p} \\[2ex] \dfrac{\partial\ddot{\vec{r}}(t)}{\partial p} \end{bmatrix}$$

$$= \begin{bmatrix} \dfrac{\partial\dot{\vec{r}}(t)}{\partial p} \\[2ex] \dfrac{\partial\ddot{\vec{r}}(t)}{\partial\vec{r}}\dfrac{\partial\vec{r}(t)}{\partial p} + \dfrac{\partial\ddot{\vec{r}}(t)}{\partial\dot{\vec{r}}}\dfrac{\partial\dot{\vec{r}}(t)}{\partial p} + \dfrac{\partial\ddot{\vec{r}}(t)}{\partial p} \end{bmatrix} \tag{8.14}$$

■ 8.2　估值理论

1. 无偏最小方差估计

假定存在一组时间序列的测量数据，时间为 $t_1, t_2, \cdots, t_k$；对应的测量为 Y_1，$Y_2, \cdots, Y_k$，标记为 Y；数据序列中包含随机测量误差 ε，由该测量序列来估计某一状态量，给出的估计值为 $\hat{X}$，显然 $\hat{X}$ 也是随机量。

无偏估计是估计值 $\hat{X}$ 的数学期望等于状态量 X 的数学期望，即

$$E(\hat{X}) = E(X) \tag{8.15}$$

当状态量为固定值时，上式变为

$$E(\hat{X}) = X \tag{8.16}$$

最小方差估计要求估值误差的方差达到极小值，即

$$E[(\hat{X} - X)^{\mathrm{T}}(\hat{X} - X)^{*}] = \min \tag{8.17}$$

2. 经典最小二乘估计

考虑如下的线性系统，

$$Y = \boldsymbol{H}X + \varepsilon \tag{8.18}$$

式中，Y 表示测量量；X 为待估参数；ε 为随机噪声。

最小二乘估计就是使测量数据的残差平方和最小，即

$$J = (Y - \boldsymbol{H}X)^{\mathrm{T}}(Y - \boldsymbol{H}X) = \min \tag{8.19}$$

略去推导过程，基于最小二乘估计给出的估值为

$$\hat{X} = (\boldsymbol{H}^{\mathrm{T}}\boldsymbol{H})^{-1}\boldsymbol{H}^{\mathrm{T}}Y \tag{8.20}$$

相应的观测残差为

$$\hat{\varepsilon} = Y - H\hat{X} \tag{8.21}$$

3. 加权最小二乘估计

考虑到随机采样的测量数据并不一定都具有相同的精度，假定一组随机测量序列 $Y_1, Y_2, \cdots, Y_k$ ，相应的权阵序列为 $W_1, W_2, \cdots, W_k$ ，则加权最小二乘就是使得加权残差平方和最小，

$$J = (Y - HX)^{\mathrm{T}} W(Y - HX) = \min \tag{8.22}$$

式中，

$$W = \begin{bmatrix} W_1 & 0 & 0 \\ 0 & \ddots & 0 \\ 0 & 0 & W_k \end{bmatrix}$$

则加权最小二乘估计为

$$\hat{X} = (H^{\mathrm{T}} WH)^{-1} H^{\mathrm{T}} WY \tag{8.23}$$

4. 具有先验信息的最小二乘估计

利用一组随机测量序列 $Y_1, Y_2, \cdots, Y_k$ ，对状态量 X 进行估计，同时知道状态量 X 的先验估计为 $\hat{X}_0$ ，并且知道 X 的估计误差矩阵为 $\bar{P}_0$ ，则总的观测方程可以表示为

$$\begin{bmatrix} \hat{X}_0 \\ Y \end{bmatrix} = \begin{bmatrix} I \\ H \end{bmatrix} X + \begin{bmatrix} \hat{\varepsilon} \\ \varepsilon \end{bmatrix} \tag{8.24}$$

与加权最小二乘类似，可得其最优估计为

$$\hat{X} = (H^{\mathrm{T}} WH + \bar{P}_0^{-1})^{-1} (H^{\mathrm{T}} W Y + \bar{P}_0^{-1} \hat{X}_0) \tag{8.25}$$

相应的协方差阵为

$$P = (H^{\mathrm{T}} WH + \bar{P}_0^{-1})^{-1} \tag{8.26}$$

5. 方差分量估计

当多类观测数据相互独立时，将各类数据的观测法方程加权相加得到的法方程就是使用最小二乘联合平差方法构建的法方程，求解该法方程就可以得到模型系数。最小二乘联合平差的关键就是确定各类观测数据的权或方差分量。一般使用方差分量估计方法（*Variance Component Estimation method*，*VCE*）（*Koch* 和

Kusche，2002）确定各类观测数据的方差分量因子。使用方差分量估计时，一般需要给定各类数据的初始方差分量，然后通过迭代计算得到数据的方差分量，并在迭代的过程中求解得到多个法方程的联合解。

使用 *VCE* 方法迭代求解时，取权算法的具体步骤如下。

（1）在首次迭代中需要初始化权阵 $\boldsymbol{P}$，$\boldsymbol{P}_i$（i 代表不同观测数据集取 1 ~ 6）认为是等权的。

$$\boldsymbol{P}_1 = \boldsymbol{P}_2 = \boldsymbol{P}_3 = \boldsymbol{P}_4 = \boldsymbol{P}_5 = \boldsymbol{P}_6 \tag{8.27}$$

（2）读入所有观测值，基于权重设置对着陆器位置进行估计，将所有观测值的后验残差计算出来。

$$v_i = \begin{pmatrix} \boldsymbol{H}_{i,1} \\ \cdots \\ \boldsymbol{H}_{i,n} \end{pmatrix} \hat{x}_0 - \begin{pmatrix} y_{i,1} \\ \cdots \\ y_{i,n} \end{pmatrix} \tag{8.28}$$

其中，$\boldsymbol{H}_{i,i}$ 为第 i 个数据集第 i 个观测量的敏感矩阵；$\hat{x}_0$ 为估计之后的改正量；$y_{i,i}$ 为第 i 个数据集第 i 个观测残差。

（3）根据 *Mikhail*（1976）随机模型的简化方法，可以计算后验单位权方差（$\hat{\sigma}_{0_i}^2$）。

$$\hat{\sigma}_{0_i}^2 = \frac{v_i^{\mathrm{T}} \boldsymbol{P}_i v_i}{n_i - tr(\boldsymbol{N}^{-1} \boldsymbol{N}_i)} \tag{8.29}$$

其中，tr（ ）为迹运算符号，$\boldsymbol{N} = \begin{pmatrix} \boldsymbol{H}_1 \\ \cdots \\ \boldsymbol{H}_6 \end{pmatrix}^{\mathrm{T}} \boldsymbol{P} \begin{pmatrix} \boldsymbol{H}_1 \\ \cdots \\ \boldsymbol{H}_6 \end{pmatrix}$，$\boldsymbol{N}_i = \boldsymbol{H}_i^{\mathrm{T}} \boldsymbol{P}_i \boldsymbol{H}_i$。

（4）基于 Bartlett 检验来测试各数据集的方差一致性（Bartlett，1937；Guo，2016），需要进行假设检验。

①建立非空假设和备择假设。

$$H_0 : \hat{\sigma}_{0_1}^2 = \hat{\sigma}_{0_2}^2 = \hat{\sigma}_{0_i \cdots}^2 = \hat{\sigma}_{0_6}^2 ; H_1 : \hat{\sigma}_{0_i}^2 \neq \hat{\sigma}_{0_j}^2，其中有一对数据集 \tag{8.30}$$

②构造统计量 Y，应该服从卡方分布。

$$Y = \frac{\sum_{j=1}^{6} 0.001(n_j - 1)\ln\frac{\widehat{\sigma}_{0_c}^2}{\widehat{\sigma}_{0_i}^2}}{1 + \frac{\sum_{j=1}^{6}(n_j - 1)^{-1} - (n_z - 6)^{-1}}{6}} \tag{8.31}$$

其中，$n_z = \sum_{j=1}^{6} n_j$；$\widehat{\sigma}_{0_c}^2$ 是合并方差（Snedecor，1989）。

$$\widehat{\sigma}_{0_c}^2 = \frac{\sum_{j=1}^{6}(n_j - 1)\widehat{\sigma}_{0_i}^2}{\sum_{j=1}^{6} n_j - 6} \tag{8.32}$$

③选择合适的显著性水平。由于六个数据集设置的是单位权方差，卡方分布的自由度是6，查找卡方表中 $\chi_\alpha^2(n)$ 的检索临界值。

④比较 Y 与 $\chi_\alpha^2(n)$。

$$f(x) = \begin{cases} Y \leqslant \chi_\alpha^2(n), & \text{接受 } H_0, \text{拒绝 } H_1 \\ Y > \chi_\alpha^2(n), & \text{接受 } H_1, \text{拒绝 } H_0 \end{cases} \tag{8.33}$$

若接受，H_0 则进入第（6）步，否则进入第（5）步。

⑤调整新权值。

$$\widehat{P}_i = \frac{C}{\widehat{\sigma}_{0_i}^2 * P_i^{-1}}(i = 1\cdots6) \tag{8.34}$$

其中，C 是常数接近于 $\widehat{\sigma}_{0_i}^2$。再次进入（2）定位迭代程序。

⑥迭代结束。

■ 8.3 定轨方法

由于轨道动力学方程和观测方程都是非线性方程，为便于计算，需要对方程进行线性化处理。线性化处理后得到的结果为近似结果，批处理方法通过迭代进行逼近求解，序贯处理方法通过处理估计值与真实值的误差和协方差矩阵进行求解。

8.3.1 批处理方法

观测量与航天器状态量有一定的联系，可以表示为

$$Y = G(t, X) + \varepsilon \qquad (8.35)$$

其中，Y 表示观测量；ε 表示测量噪声。

同样，对上式在参考状态处展开，略去高阶项，有

$$y = H\Delta X + \varepsilon \qquad (8.36)$$

式中，

$$\begin{cases} y = Y - G(t, X^*) \\ \tilde{H} = \left. \dfrac{\partial G}{\partial X} \right|_{X = X^*} \\ H = \tilde{H} \boldsymbol{\Phi}(t, t_0) \end{cases} \qquad (8.37)$$

式中，$\tilde{H}$ 表示观测量对观测历元处状态量的观测偏导数，H 表示对改进历元状态量的观测偏导数。

批处理方法是最小二乘估计的经典算法，即一个时间序列的全部数据 $Y_1, Y_2, \cdots,$ $Y_k, Y_{k+1}, \cdots Y_{k+s}$ 整批地参加解算，由加权最小二乘公式得出所有观测数据的最优估计为

$$\hat{X}_{k/k+s} = \left(\sum_{l=1}^{k+s} \boldsymbol{\Phi}_{l,k}^{\mathrm{T}} \boldsymbol{H}_l^{\mathrm{T}} \boldsymbol{W}_l \boldsymbol{H}_l \boldsymbol{\Phi}_{l,k} \right)^{-1}$$
$$\left(\sum_{l=1}^{k+s} \boldsymbol{\Phi}_{l,k}^{\mathrm{T}} \boldsymbol{H}_l^{\mathrm{T}} \boldsymbol{W}_l y_l \right) \qquad (8.38)$$

下标 $k/k+s$ 中，k 表示状态量 $\hat{X}$ 对应的时刻 t_k，$k+s$ 表示使用了 $k+s$ 组数据进行参数的最优估计。k 可以随意选取 $1 \sim k+s$ 中的任意数值。批处理方法如图 8 - 1 所示。

8.3.2　序贯处理方法

序贯处理方法：将观测历元时刻 $t_1, t_2,$ $\cdots, t_k, t_{k+1}, \cdots, t_{k+s}$ 对应的观测数据 $Y_1, Y_2, \cdots, Y_k, Y_{k+1}, \cdots Y_{k+s}$ 分为两批，首先由 Y_1，

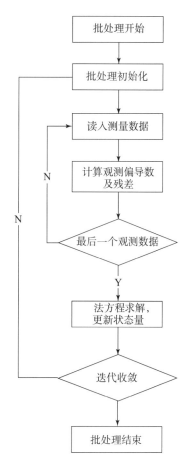

图 8 - 1　批处理方法

$Y_2, \cdots, Y_k$ 获得 X 的最优估计，然后丢掉这批观测数据，再利用估计值与后一批数据 $Y_{k+1}, Y_{k+2}, \cdots Y_{k+s}$ 求得新的最优估计。这不同于批处理方法中将 $k+s$ 个观测数据一并处理获得最优估计的过程。简单地说，序贯处理方法就是每获取一批数据，就利用之前获取的最优估计信息与最新的观测数据再进行一次估计，如图 8 − 2 所示。

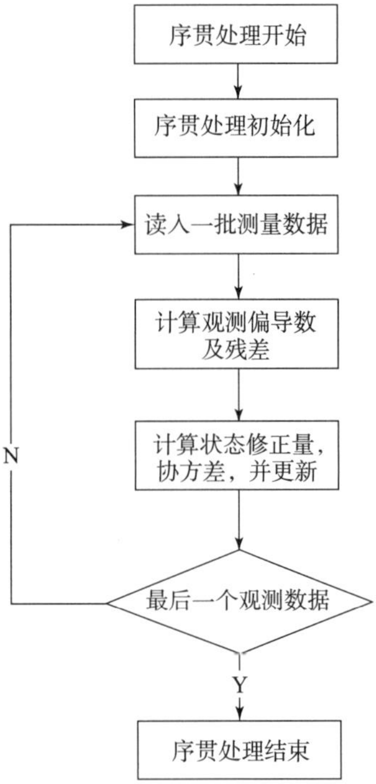

假设已知利用 $Y_1, Y_2, \cdots, Y_k$ 的估值 $\hat{x}_k$ 和协方差矩阵 $\hat{P}_k$，则再结合 $Y_{k+1}, \cdots, Y_{k+s}$ 获取 t_{k+s} 时刻的状态量为

$$\begin{cases} \hat{X}_{k+s} = \bar{X}_{k+s} + K_{k+s}(Y_{k+s} - H_{k+s}\bar{X}_{k+s}) \\ \hat{P}_{k+s} = (I - K_{k+s}H_{k+s})\bar{P}_{k+s} \end{cases}$$

$$(8.39)$$

图 8 − 2 序贯处理方法

其中，

$$\begin{cases} K_{k+s} = \bar{P}_{k+s}H_{k+s}^{\mathrm{T}}(H_{k+s}\bar{P}_{k+s}H_{k+s}^{\mathrm{T}} + W_{k+s}^{-1})^{-1} \\ \bar{X}_{k+s} = \Phi_{k+s,k}\hat{X}_k \\ \bar{P}_{k+s} = \Phi_{k+s,k}\bar{P}_k\Phi_{k+s,k}^{\mathrm{T}} \end{cases}$$

$$(8.40)$$

式中，$\bar{X}_{k+s}$ 为预报值；$\bar{P}_{k+s}$ 为预报协方差阵。根据上述方法，可以将观测时间序列分为若干批次，每次处理一批数据，处理后丢掉该批数据，并递推去处理下一批数据。s 表示新批次观测数据的个数，其值可以任意选取，当取值 $s = 1$ 时，就可以构成类似于卡尔曼滤波的逐步递推公式。

简而言之，序贯处理方法使用上一个时刻的最优状态观测值和协方差矩阵与当前时刻的观测值对当前时刻的最优状态值和协方差进行估计。序贯处理方法是在轨道预测模型和观测量都存在误差和不确定性的条件下，根据误差值和卡尔曼滤波算法，估计出当前时刻的状态最优估计量。

常引入卡尔曼滤波方法对轨道参数进行实时估计。卡尔曼滤波的核心步骤包括预测和更新。预测是根据上一时刻的状态、过程噪声和协方差矩阵，利用状态转移矩阵求当前时刻的理论状态值和理论协方差值。更新是根据当前时刻的观测值和观测方程，以及先验协方差矩阵计算卡尔曼滤波的增益；再根据增益和当前时刻先验状态以及观测矩阵计算当前状态的后验估计值；最后根据观测矩阵和增益求当前时刻后验协方差估计值。其中涉及以下两组核心公式。

（1）时间更新方程。

$$\hat{x}_{\bar{k}} = \boldsymbol{\Phi}\hat{x}_{k-1} + u_{k-1}$$
$$\hat{P}_{\bar{k}} = \boldsymbol{\Phi}\hat{P}_{k-1}\boldsymbol{\Phi}^{\mathrm{T}} + \boldsymbol{Q}$$

(8.41)

（2）测量更新方程。

$$\boldsymbol{K}_k = \hat{P}_{\bar{k}}\boldsymbol{H}^{\mathrm{T}}(\boldsymbol{H}\hat{P}_{\bar{k}}\boldsymbol{H}^{\mathrm{T}} + \boldsymbol{R})^{-1}$$
$$\hat{x}_k = \hat{x}_{\bar{k}} + \boldsymbol{K}(z_k - \boldsymbol{H}\hat{x}_{\bar{k}})$$
$$\hat{P}_k = (\boldsymbol{I} - \boldsymbol{K}_k\boldsymbol{H})\hat{P}_{\bar{k}}(\boldsymbol{I} - \boldsymbol{K}_k\boldsymbol{H})^{\mathrm{T}}$$

(8.42)

批处理方法和序贯处理方法可按照实际任务需求选取。批处理方法使用所有观测数据来估计某个历元时刻的值，序贯处理方法根据当前时刻的观测值实时估计当前时刻状态量的最优估计值。状态矢量与观测模型间的非线性处理，由于状态矢量和理论观测模型之间的非线性关系，批处理通过迭代使代价函数最小，序贯处理方法通常不需要迭代，取而代之的是处理先验值与参考值偏差较大的问题和协方差的管理问题。批处理方法在迭代过程中需要存储大量的数据供下次迭代使用，序贯处理方法不需要存储上一次的观测数据，只需要上一次计算的估计值、协方差和本次的观测值，计算量很小，适用于实时估计。

批处理方法一般不存在发散问题，序贯处理方法的协方差很小时，会对观测数据比较不敏感，导致数据过多地采用数学模型而使结果发散；协方差很大时，又会过多地相信观测数据，也有可能导致结果发散，因此需要对过程噪声进行处理。批处理方法通常忽略过程噪声；序贯处理方法通常需要考虑过程噪声的问题，从而避免滤波的发散，合适的过程噪声模型的加入可以得到更准确的实时状态估计值，减少前期观测数据对定轨的影响，增加新增数据的影响。批处理方法通过同一条参考轨道对所有观测数据进行处理，如果残差明显大于平均残差水平，即认为是坏的数据点；序贯处理方法需要在先验协方差、测量数据权重和过程噪声之间保持某种平衡，来达到剔除坏点观测数据的目的。

适用场景也有差异，批处理方法适用于卫星捕获后的定轨，利用卫星轨道的大量观测数据来反推某个历元时刻的轨道参数；序贯处理方法一般是用于满足实时状态估计的需要，如星上的导航、行星际轨道的定轨和导航，通过融合过程噪声补偿未知的加速度误差的影响，如大气阻力系数、太阳光压系数等，能够提供实时状态估计。

■ 8.4　精密定轨的一般步骤

精密定轨的一般步骤如下。

（1）观测数据的预处理。利用先验轨道信息对观测数据进行野值剔除和必要的误差修正，如大气折射、电波折射等。注意，对于某些高精度轨道计算的需求，部分误差修正需要在定轨迭代的同时进行，如天线相位中心修正。

（2）确定初始轨道。精密定轨本质上是对初始轨道进行迭代改进的过程，需要选择合适的轨道历元。初始轨道可以通过初轨计算、预报轨道等获取。

（3）轨道改进。利用含有测量误差的测量数据，结合航天器受到的动力学约束，获取航天器状态的最佳估值。

（4）精度评估。通过各种精度评估方法（见第9章）完成定轨精度的评估。

参考文献

［1］刘林，胡松杰，曹建峰，等．航天器定轨理论与应用［M］．北京：电子工业出版社，2015.

［2］刘林，侯锡云．深空探测轨道理论与应用［M］．北京：电子工业出版社，2015.

［3］贾沛璋，朱征桃．最优估计及应用［M］．北京：科学出版社，1984.

［4］贾沛璋．误差分析与数据处理［M］．北京：国防工业出版社，1992.

［5］周建华．序贯处理与成批处理在定轨应用中的一些问题［J］．测绘学报，1993，22（2）：142-148.

［6］TAPLEY B D，SCHUTZ B E，GEORGE H B. Statistical orbit determination［M］.

SAN Diego：Elsevier Academic Press，2004.

［7］OLIVER M，EBERHARD G. Satellite orbits：models，methods，applications ［M］. Berlin：Springer Verlag，2012.

［8］MOYER T D. Formulation for observed and computed values of deep space network data types for navigation ［M］. California：Jet Propulsion Laboratory，2000.

第 9 章
精密定轨中的相关问题和误差分析

在前面的章节已经讲述了精密定轨计算涉及的基本问题，包括时空参考系、动力学模型、观测模型及估值方法等。在实际定轨计算中，不同条件下数据处理所面临的具体问题也不一样，比如动力学模型的取舍、受力模型的精化与补偿、轨道计算中心天体的选取、数据剔野与数据加权等问题。

在定轨计算中，涉及的模型误差通常包括以下几个方面：①航天器运动模型与观测模型的描述；②观测数据误差的统计特性，主要体现为测量噪声水平；③数值计算中所使用的物理参数自身的数值精度；④计算机数值计算中出现的截断误差与舍入误差等。待估参数所能实现的精度主要依赖于动力学模型及观测数据的精度。协方差分析理论从统计角度出发，分析各类误差对参数估计的影响。

■ 9.1　动力学模型的选取

动力学模型的选取直接关系到定轨精度，对所有的摄动力都进行精确建模显然是不现实的，一方面受限于认知能力，无法对航天器受到的所有力进行精确建模；另一方面制约定轨计算精度的因素是多方面的，力模型仅是其中一个重要影响因素。因此，在实际定轨计算中，有必要就摄动力对定轨计算精度影响进行分析，而后根据定轨精度的需求对力模型进行必要的取舍，从而在保证计算精度的前提下有效提升计算效率。

环绕型航天器的运动方程可以表示为

$$\ddot{r} = F_0(\vec{r}) + \vec{F}_\varepsilon(\vec{r}, \dot{\vec{r}}, t) \tag{9.1}$$

式中, $\vec{F}_0(\vec{r})$ 表示中心天体产生的作用力; $\vec{F}_\varepsilon(\vec{r}, \dot{\vec{r}}, t)$ 表示其余摄动源作用于飞行器的摄动力。一般而言, 摄动源引起的摄动加速度会远远小于中心天体的引力加速度。

摄动量级的分析通常采用摄动加速度 $\vec{p}$ 与中心天体的引力加速度的比值来表示。

$$\chi = \frac{|\vec{p}|}{\left(\dfrac{\mu}{r^2}\right)} \tag{9.2}$$

摄动量级 χ 代表了实际轨道因摄动力源的存在而偏离理想二体问题轨道的程度, χ 通常是一个小量。摄动加速度也可以使用中心天体加速度与摄动量级表示为

$$|\vec{p}| = \chi\left(\frac{\mu}{r^2}\right) \tag{9.3}$$

由受摄运动方程可知

$$\begin{cases} \dfrac{1}{a}\dfrac{\mathrm{d}a}{\mathrm{d}t} = O\left(\dfrac{2}{na}|\vec{P}|\right) \\[2mm] \dfrac{\mathrm{d}(e, i, \Omega, \omega)}{\mathrm{d}t} = O\left(\dfrac{|\vec{P}|}{na}\right) \\[2mm] \dfrac{\mathrm{d}M}{\mathrm{d}t} = O\left(\dfrac{3}{2}n\dfrac{\Delta a}{a}, 2\dfrac{|\vec{P}|}{na}\right) \end{cases} \tag{9.4}$$

其中, $a, e, i, \Omega, \omega, M$ 表示轨道根数的 6 个基本参数; Δa 为半长轴 a 的变化量; n 表示轨道运动的角速率。

将式 (9.3) 代入式 (9.4), 并对时间进行积分可得

$$\begin{cases} \dfrac{\delta a}{a} = O(2\chi n\delta T) \\[2mm] \delta(e, i, \Omega, \omega) = O(\chi n\delta T) \\[2mm] \delta M = O\left(\dfrac{3}{2}\chi n^2\delta T^2, 2\chi n\delta T\right) \end{cases} \tag{9.5}$$

式中, δT 为积分时间; δT^2 只有在半长轴有长期变化 (非保守力作用) 时才会出

现。由式（9.5）可知，受摄运动轨道偏离无摄轨道的程度与摄动量级及轨道积分弧长是密切相关的，摄动加速度对轨道的影响主要反映在沿迹方向上，而摄动量级的估计也是从"最大可能"出发的。对式（9.5）的第 3 个等式进行简单变换，可以得出在所要求精度条件下需要考虑的最小摄动量级：

$$\chi\left(\frac{2\Sigma}{3n^2\delta T^2}, \frac{\Sigma}{2n\delta T}\right)_{\min} \tag{9.6}$$

其中，Σ 表示预报弧段内需要达到的精度。对于具体问题，只需要进行摄动量级分析，当 $\chi > \chi_{\min}$ 时，该摄动力必须予以考虑，否则可以舍弃。

基于上述的摄动量级分析理论，对我国绕月探测卫星进行基本的分析，作用于嫦娥卫星环月阶段各摄动力之量级如表 9 - 1 所示。

表 9 - 1　作用于嫦娥卫星环月阶段各摄动量级

摄动名称	CE - 1 摄动量级（χ）	CE - 2 摄动量级（χ）
N 体引力摄动		
太阳摄动	6.24×10^{-8}	5.32×10^{-8}
地球摄动	1.30×10^{-5}	1.11×10^{-5}
其他行星摄动	8.62×10^{-12}	7.34×10^{-12}
太阳辐射光压摄动	6.55×10^{-8}	5.88×10^{-8}
月球形状摄动	$9.91 \times 10^{-16} \sim 4.88 \times 10^{-4}$	$4.06 \times 10^{-16} \sim 5.43 \times 10^{-4}$
后牛顿效应	8.44×10^{-10}	8.90×10^{-10}

对于嫦娥卫星 1 天定轨 10 m 精度的要求，需考虑的最小摄动量级为

$$\chi_{\min} = \begin{cases} 6.15 \times 10^{-10}, & \text{非保守力} \\ 3.54 \times 10^{-8}, & \text{保守力} \end{cases} \tag{9.7}$$

因而在工程定轨计算中，需要考虑月球非球形摄动、太阳与地球的第三体摄动、太阳辐射压摄动。对于重力场阶数的选取，可利用谐系数进行类似分析，截取一定阶数，在环月近圆轨道飞行阶段选用的重力场阶数为 70。

■ 9.2　中心天体的选取

航天器星历积分通常选取一个主天体作为中心天体，并选取中心天体的质心

天球参考系作为研究运动的参考系。在该参考系下，中心天体的作用力为主要作用力，而其余源的作用力则作为摄动力考虑。根据摄动分析理论，星历积分选取的中心天体不同，各摄动源产生的摄动力相对于中心天体引力的摄动量级也会相应发生变化。另外，在不同中心天体的参考系下，卫星运动所表现出的特性也不尽相同。因此，选取合适的中心天体对研究飞行器的运动很有必要，甚至可以使问题研究变得简单。对于绕飞阶段的飞行器，通常都是选取绕飞天体作为中心天体；在深空探测巡航飞行阶段，则需要根据具体的飞行状态选择中心天体。下面就巡航飞行段的中心天体选取问题进行详细讨论。

9.2.1　拉普拉斯影响球

对于巡航飞行阶段的航天器而言，当某一天体作用于航天器的引力构成主要作用力时，则将该天体作为中心引力体，中心引力体与航天器构成一个二体问题，而其余天体则看作摄动源，航天器的运动作为受摄二体问题进行处理。拉普拉斯提出的基本原则是，哪个天体能提供更小的扰动力与中心引力之比，则该天体应选取为中心引力体。

仅考虑航天器与两个天体构成的三体问题（图9-1），记天体编号分别为 P_1 和 P_2，质量分别为 M_1 和 M_2，航天器标识为 S，其质量为 M，满足 $M \ll M_1, M \ll M_2$。

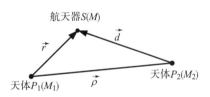

图9-1　飞行器受力摄动示意图

若以天体 P_1 为中心天体，天体 P_2 为摄动天体，天体 P_1 和 P_2 引起的加速度分别为

$$a_{P_1} = \frac{GM_1}{r^2} \tag{9.8}$$

$$a_{P_2} = GM_2 \left[\left(\frac{\vec{d}}{d^3} + \frac{\vec{\rho}}{\rho^3} \right) \cdot \left(\frac{\vec{d}}{d^3} + \frac{\vec{\rho}}{\rho^3} \right) \right]^{\frac{1}{2}} \tag{9.9}$$

天体 P_1 和 P_2 引起的加速度之比为

$$\left[\frac{a_{P_2}}{a_{P_1}} \right]_{C1} = \frac{M_2}{M_1} r^2 \left[\left(\frac{\vec{d}}{d^3} + \frac{\vec{\rho}}{\rho^3} \right) \cdot \left(\frac{\vec{d}}{d^3} + \frac{\vec{\rho}}{\rho^3} \right) \right]^{\frac{1}{2}} \tag{9.10}$$

若以天体 P_2 为中心天体，天体 P_1 为摄动天体，天体 P_1 和 P_2 引起的加速度分别为

$$a_{P_1} = GM_1 \left[\left(\frac{\vec{r}}{r^3} - \frac{\vec{\rho}}{\rho^3} \right) \cdot \left(\frac{\vec{r}}{r^3} - \frac{\vec{\rho}}{\rho^3} \right) \right]^{\frac{1}{2}} \qquad (9.11)$$

$$a_{P_2} = \frac{GM_2}{d^2} \qquad (9.12)$$

天体 P_1 和 P_2 引起的加速度之比为

$$\left[\frac{a_{P_1}}{a_{P_2}} \right]_{C2} = \frac{M_1}{M_2} d^2 \left[\left(\frac{\vec{r}}{r^3} - \frac{\vec{\rho}}{\rho^3} \right) \cdot \left(\frac{\vec{r}}{r^3} - \frac{\vec{\rho}}{\rho^3} \right) \right]^{\frac{1}{2}} \qquad (9.13)$$

假设天体质量满足 $M_2 > M_1$，则必然存在 $\rho < d$ 或者 $r < \rho$，使加速度之比相等，可以以此临界值作为中心天体选取转换的标准。

9.2.2　中心天体选取对航天器星历积分的影响

下面以 CE - 2 平动点飞行为例进行分析。在 CE - 2 平动点飞行试验期间，分别以地球/太阳作为中心天体，各摄动源的摄动量级如图 9 - 2 和图 9 - 3 所示。

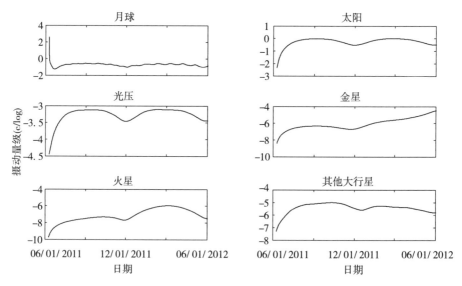

图 9 - 2　以地球作为中心天体，各摄动源的摄动量级

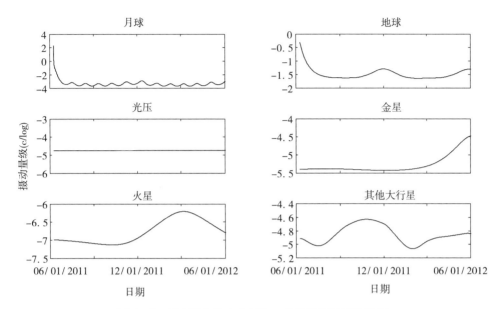

图 9 - 3　以太阳作为中心天体，各摄动源的摄动量级

不管是以太阳还是以地球作为中心天体，在离开月球轨道的初期，月球的作用力都是主要项，相对于太阳/地球的量级都达到近 10^{-3}，而随着 CE - 2 远离月球，月球的作用力逐渐降低，适宜作为摄动天体考虑。

如果以地球作为中心天体，太阳作为摄动天体，由图 9 - 2 可以发现，太阳产生的摄动力与地球的引力量级相当；而以太阳作为中心天体，地球则是主要的摄动源，其摄动量级大约为 10^{-2}，月球次之，其他天体及太阳辐射压所产生的摄动量级均小于 10^{-4}。

由上述分析可知，平动点飞行试验期间 CE - 2 的轨道计算分析仍然可以作为受摄二体问题进行研究。从摄动量级分析的角度考虑，适宜选用太阳作为中心天体，而其他天体作为摄动源考虑。

从理论上讲，在考虑了完全相同的摄动力模型条件下，不管以太阳作为中心天体，还是以地球/月球作为中心天体，对相同的初始状态进行轨道积分的结果应该是完全一致的。以嫦娥二号平动点飞行试验期间的轨道计算为例，选取 2011年 8 月 26 日 0 时 CE - 2 的重建轨道作为初值，进行 90 天弧长的星历积分，基于 JPL 行星历表 DE414 计算各行星的质点引力，发现选取不同中心天体进行星历积分的差异非常明显。考虑的力模型包括太阳、大行星、月球及太阳辐射压，分别以地球和太阳作为中心天体进行积分，并对积分的星历相互比较。图 9 - 4 为以地球/太阳作为中心天体进行星历积分的比较结果，积分 90 天的轨道之间差异超过 100 m，速度偏差近 0.08 mm/s。

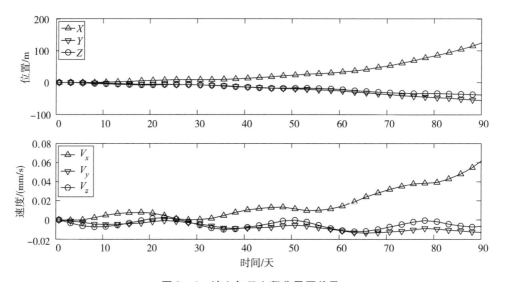

图 9 - 4　地心与日心积分星历差异

上述的星历积分采用的太阳、大行星引力常数取值与 JPL 行星历表中的取值完全一致，如果取值不一致，星历之间的差异更大。以上计算表明，选用不同的中心天体对于星历积分的结果是会产生影响的。抛开相对论效应等对星历积分的影响，只考虑行星质点引力，航天器在质心系中的运动方程可以表示为

$$\vec{a}_0(\text{SC}) = \sum_i Gm_i \frac{\vec{r}_i}{|\vec{r}_i|^3} \tag{9.14}$$

式中，$\vec{a}_0(\text{SC})$ 表示质心系下航天器的加速度；G 表示引力常数；m_i 表示第 i 个天体的质量；$\vec{r}_i$ 表示航天器相对于第 i 个天体的位置矢量。

如果以行星作为中心天体，航天器的运动方程可以表示为

$$\vec{a}_P(\text{SC}) = Gm_P \frac{\vec{r}_P}{|\vec{r}_P|^3} + \sum_{i \neq P} Gm_i \left[\frac{\vec{r}_i}{|\vec{r}_i|^3} - \frac{\vec{r}_i - \vec{r}_P}{|\vec{r}_i - \vec{r}_P|^3} \right] \tag{9.15}$$

式中，$\vec{r}_P$ 表示航天器相对于中心天体的位置矢量；$\vec{r}_i$ 表示航天器相对于摄动天体的位置矢量。对式（9.15）进行简单变化，可以重新写为

$$\vec{a}_P(SC) = \sum_i Gm_i \frac{\vec{r}_i}{|\vec{r}_i|^3} - \sum_{i \neq P} Gm_i \frac{\vec{r}_i - \vec{r}_P}{|\vec{r}_i - \vec{r}_P|^3} \qquad (9.16)$$

式中，右端第二项是其他天体对天体 P 的摄动加速度，记为 $\vec{a}_0(P)$，则

$$\vec{a}_P(SC) = \sum_i Gm_i \frac{\vec{r}_i}{|\vec{r}_i|^3} - \vec{a}_0(P) \qquad (9.17)$$

式（9.17）左右两端各加上 $\vec{a}_0(P)$ 就会得到式（9.14）。至此，可以发现选取不同中心天体进行星历积分，主要差异反映为 $\vec{a}_0(P)$ 差异。

在更广义的参考框架下建立航天器的运动方程

$$\vec{a}_0(SC) = \sum_i \vec{f}_i(SC) + \sum_i \vec{h}_i(SC) \qquad (9.18)$$

$$\vec{a}_0(P) = \sum_i \vec{f}_i(P) \qquad (9.19)$$

$$\vec{a}_P(SC) = \sum_i \vec{f}_i(SC) + \sum_i \vec{h}_i(SC) - \sum_i \vec{f}_i(P) \qquad (9.20)$$

式中，$\vec{f}_i(SC)$ 表示直接作用在航天器的加速度；$\vec{f}_i(P)$ 表示直接用在行星 P 上的加速度；$\vec{h}_i(SC)$ 表示作用在航天器上除质点引力外的其他作用力。

记 $\vec{r}_0(SC)$ 为航天器在质心坐标系下运动方程的解，$\vec{r}_P(SC)$ 为航天器在行星质心系下运动方程的解，则它们之间的联系为

$$\vec{r}_0(SC) = \vec{r}_P(SC) + \vec{r}_0(P) \qquad (9.21)$$

其中，$\vec{r}_0(P)$ 表示由星历表计算的行星在质心系下的位置矢量。

对式（9.21）进行微分，有

$$\begin{aligned}
\vec{a}_0^{JPL}(SC) &= \vec{a}_P(SC) + \vec{a}_0^{JPL}(P) \\
&= \sum_i \vec{f}_i(SC) + \sum_i \vec{h}_i(SC) - \sum_i \vec{f}_i(P) + \vec{a}_0^{JPL}(P) \\
&= \vec{a}_0(SC) + \left(\vec{a}_0^{JPL}(P) - \sum_i \vec{f}_i(P) \right)
\end{aligned} \qquad (9.22)$$

式中，上标 JPL 表示采用了与行星星历表计算相同的动力学模型。只有当 $\vec{a}_0^{JPL}(P) = \sum_i \vec{f}_i(P)$ 时，采用不同的积分中心才会得到一致的结果，这就要求力模型与产生星历表使用的力模型完全一致。

■ 9.3　力模型补偿

随着观测精度的迅速提高，航天器定轨精度的要求也越来越高，从早期的数

千米发展至目前的数厘米。在诸多影响因素中，力模型的精度是制约动力学定轨精度的一个重要因素。在过去的数十年中，国外在地球引力场模型精化、表面力模型（如太阳辐射压、地球反照压、大气阻力等）的改进、各种用于补偿力模型误差的经验力模型的研究上做出了很大的努力，取得了许多成果。目前，在保守力建模方面已经取得了一系列进展，但是非保守力的建模仍然有待进一步提升，如大气阻力摄动和太阳光压摄动等。

大气阻力摄动是典型的非保守力摄动，也是低轨航天器的众多摄动因素中不确定性最大的，其原因包括几个方面：大气物理特性的了解有待进一步深入；中性气体和带电粒子与航天器表面的相互作用不易量化描述；航天器结构、材料及姿态的变化复杂。太阳光压同属表面力，其大小与承受辐射压的卫星表面形状和大小有关。除球形卫星外，航天器承受太阳光压的卫星截面积是变化的，与航天器的空间姿态严格相关。另外，随着工作时间的增加，航天器表明材料的物理属性也会发生变化，这些因素都使太阳光压的精确建模变得十分困难。

为弥补力模型的不准确对定轨计算的影响，在定轨计算中会将未能精确模制的作用力进行经验建模或是做等效力处理。虽然该做法并没有特别明确的物理意义，但是在实际定轨计算中发现该方法是行之有效的。

目前，常用的经验力补偿方式有三角级数模型和随机脉冲模型。

1. 三角级数模型

将经验加速度表示为径向（R）、沿迹（T）和轨道面法向（N）三个方向的三角级数的形式，即

$$\vec{a}_{\exp} = R(E) * \left[\bar{C}_0 + \sum_{n=1}^{K} (\bar{C}_n \cos nf + \bar{S}_n \sin nf) \right]_{\exp} \tag{9.23}$$

式中，（E）为 RTN 坐标系到 J2000.0 地心天球坐标系的转换矩阵；$\bar{C}_0$ 为经验力的常数加速度偏差，$\bar{C}_n$，$\bar{S}_n$ 分别为经验加速度的余弦和正弦项系数；K 为三角级数的阶次，具体可根据未建模因素的频率成分来确定，在多数情况下，这些未建模的摄动因素表现在 1 个轨道周期 1 次的频率上，这里 K 需取 1。通常，经验加速度模型的系数作为定轨的待估参数来求解，经验加速度对 $\bar{C}_0$，$\bar{C}_1$，$\bar{S}_1$ 的偏导数分别为 $\dfrac{\partial \vec{a}_{\exp}}{\partial \bar{C}_0}$，$\dfrac{\partial \vec{a}_{\exp}}{\partial \bar{C}_1 \cos f}$，$\dfrac{\partial \vec{a}_{\exp}}{\partial \bar{S}_1 \sin f}$。

2. 随机脉冲模型

随机脉冲模型是给卫星施加一个假想的瞬时小脉冲，给卫星速度增加一个小量，从而实现对卫星轨道的微调。为便于分析，随机脉冲一般用 RTN 方向的速度增量来描述，即

$$\begin{cases} \vec{r}(t^+) = \vec{r}(t^-) \\ \dot{\vec{r}}(t^+) = \dot{\vec{r}}(t^-) + (E)\delta\vec{v} \end{cases} \tag{9.24}$$

式中，t^- 表示脉冲作用前；t^+ 表示脉冲作用后；$\delta\vec{v}$ 表示 RTN 方向的速度增量。定轨解算时相应的状态偏导数如下。

（1）脉冲作用前偏导数。

$$\frac{\partial(\vec{r}, \dot{\vec{r}})}{\partial(\delta\vec{v}_i)} = 0 \tag{9.25}$$

（2）脉冲作用时刻偏导数。

$$\frac{\partial(\vec{r}_i, \dot{\vec{r}}_i)}{\partial(\delta\vec{v}_i)} = \begin{pmatrix} \mathbf{0}_{3\times3} \\ \mathbf{I}_{3\times3} \end{pmatrix} \tag{9.26}$$

（3）脉冲作用后偏导数。

$$\frac{\partial(\vec{r}, \dot{\vec{r}})}{\partial(\delta\vec{v}_i)} = \frac{\partial(\vec{r}, \dot{\vec{r}})}{\partial(\vec{r}_i, \dot{\vec{r}}_i)} \frac{\partial(\vec{r}_i, \dot{\vec{r}}_i)}{\partial(\delta\vec{v}_i)} = \begin{pmatrix} \dfrac{\partial\vec{r}}{\partial\vec{r}_i} \\ \\ \dfrac{\partial\dot{\vec{r}}}{\partial\dot{\vec{r}}_i} \end{pmatrix} \tag{9.27}$$

■ 9.4 条件方程的求解问题

在定轨计算中，需要对高维方程组进行解算，涉及矩阵求逆问题。这里介绍 Givens – Gentleman 正交变换方法。该方法消除了变化过程中的开方运算，具有精度高、耗时少的特点。

1. Givens – Gentleman 正交变换的基本原理

选择一组正交矩阵 $\mathbf{Q}$，该矩阵具有以下属性：①$\mathbf{Q}\mathbf{Q}^{\mathrm{T}} = I$；②$\mathbf{Q}^{-1} = \mathbf{Q}^{\mathrm{T}}$；③如果 $\mathbf{Q}_1$ 与 $\mathbf{Q}_2$ 正交矩阵，则 $\mathbf{Q}_1\mathbf{Q}_2$ 也为正交矩阵；④对于任意向量 $\mathbf{x}$，满足

$\|\boldsymbol{Q}\boldsymbol{x}\| = \|\boldsymbol{x}\| = \|\boldsymbol{x}^\mathrm{T}\boldsymbol{x}\|^{\frac{1}{2}}$，乘以 $\boldsymbol{Q}$ 并不会改变向量的欧几里德范数；⑤如果 m 维随机变率向量 $\boldsymbol{\varepsilon}$ 满足均值为 0，且 $E(\boldsymbol{\varepsilon}\boldsymbol{\varepsilon}^\mathrm{T}) = \boldsymbol{I}$，则 $\bar{\boldsymbol{\varepsilon}} = \boldsymbol{Q}\boldsymbol{\varepsilon}$ 也具有相同的属性。

$$\begin{cases} E(\bar{\boldsymbol{\varepsilon}}) = \boldsymbol{Q}E(\boldsymbol{\varepsilon}) = 0 \\ E(\bar{\boldsymbol{\varepsilon}}\bar{\boldsymbol{\varepsilon}}^\mathrm{T}) = \boldsymbol{Q}E(\boldsymbol{\varepsilon}\boldsymbol{\varepsilon}^\mathrm{T})\boldsymbol{Q}^\mathrm{T} = \boldsymbol{I} \end{cases} \tag{9.28}$$

利用该正交矩阵 $\boldsymbol{Q}$，公式可以表示为

$$\begin{aligned} J(\boldsymbol{x}) &= \|\boldsymbol{Q}\boldsymbol{W}^{\frac{1}{2}}(\boldsymbol{H}\boldsymbol{x} - \boldsymbol{y})\|^2 \\ &= (\boldsymbol{H}\boldsymbol{x} - \boldsymbol{y})^\mathrm{T}\boldsymbol{W}^{\frac{1}{2}}\boldsymbol{Q}^\mathrm{T}\boldsymbol{W}^{\frac{1}{2}}(\boldsymbol{H}\boldsymbol{x} - \boldsymbol{y}) \end{aligned} \tag{9.29}$$

如果选取正交矩阵 $\boldsymbol{Q}$，使

$$\boldsymbol{Q}\boldsymbol{W}^{\frac{1}{2}}\boldsymbol{H} = \begin{bmatrix} \boldsymbol{R} \\ \boldsymbol{O} \end{bmatrix} \tag{9.30}$$

$$\boldsymbol{Q}\boldsymbol{W}^{\frac{1}{2}}\boldsymbol{y} = \begin{bmatrix} \boldsymbol{b} \\ \boldsymbol{e} \end{bmatrix} \tag{9.31}$$

其中，$\boldsymbol{R}$ 为 $n \times n$ 上三角矩阵，其秩为 n；$\boldsymbol{O}$ 为 $(m-n) \times n$ 零矩阵；$\boldsymbol{b}$ 为 $n \times 1$ 列向量；$\boldsymbol{e}$ 为 $(m-n) \times 1$ 列向量，那么加权残差平方和可以进一步表示为

$$J(\boldsymbol{x}) = \left\| \begin{bmatrix} \boldsymbol{R} \\ \boldsymbol{O} \end{bmatrix} \boldsymbol{x} - \begin{bmatrix} \boldsymbol{b} \\ \boldsymbol{e} \end{bmatrix} \right\|^2 \tag{9.32}$$

展开则有，

$$J(\boldsymbol{x}) = \|\boldsymbol{R}\boldsymbol{x} - \boldsymbol{b}\|^2 + \|\boldsymbol{e}\|^2 \tag{9.33}$$

上式是向量 $\boldsymbol{x}$ 的函数，所以使 $J(\boldsymbol{x})$ 最小的条件是 $\boldsymbol{R}\hat{\boldsymbol{x}} = \boldsymbol{b}$，则 $J(\boldsymbol{x}) = \|\boldsymbol{e}\|^2$。

因为 $\boldsymbol{R}$ 为上三角矩阵，$\boldsymbol{R}\hat{\boldsymbol{x}} = \boldsymbol{b}$ 的解算就变得非常简单。事实上，满足上述要求的正交矩阵是存在的。

2. 正交矩阵的选取

以二维矩阵为例，设向量 $\boldsymbol{x}^\mathrm{T} = [x_1 \ x_2]$，矩阵 $\boldsymbol{G}$ 为 2×2 正交矩阵，矩阵通过旋转角 θ 进行平面转换构建，可以表示为

$$\boldsymbol{G}(\theta) = \begin{bmatrix} \cos\theta & \sin\theta \\ -\sin\theta & \cos\theta \end{bmatrix} \tag{9.34}$$

该矩阵对向量 $\boldsymbol{x}^\mathrm{T}$ 作用后为

$$\boldsymbol{Gx} = \begin{bmatrix} x'_1 \\ x'_2 \end{bmatrix} \tag{9.35}$$

展开表示为

$$\begin{bmatrix} x'_1 \\ x'_2 \end{bmatrix} = \begin{bmatrix} \cos\theta & \sin\theta \\ -\sin\theta & \cos\theta \end{bmatrix} \begin{bmatrix} x_1 \\ x_2 \end{bmatrix}$$

即

$$\begin{cases} x'_1 = \cos\theta x_1 + \sin\theta x_2 \\ x'_2 = -\sin\theta x_1 + \cos\theta x_2 \end{cases}$$

Givens – Gentleman 正交变换则是选取合适的旋转角使 $x'_2 = 0$。由上式可解得（只使用正值解），

$$\begin{cases} \tan\theta = \dfrac{x_2}{x_1} \\[3mm] \sin\theta = \dfrac{x_2}{\sqrt{x_1^2 + x_2^2}} \\[3mm] \cos\theta = \dfrac{x_1}{\sqrt{x_1^2 + x_2^2}} \end{cases} \tag{9.36}$$

相应的 x'_1 变化为

$$x'_1 = \frac{x_1^2}{\sqrt{x_1^2 + x_2^2}} + \frac{x_2^2}{\sqrt{x_1^2 + x_2^2}} = \sqrt{x_1^2 + x_2^2} \tag{9.37}$$

扩展到 n 为矩阵，只需对矩阵逐行逐列变换即可。如经变换矩阵 $\boldsymbol{G}(i,k)$ 作用后，第 k 行 k 列就为 0，$\boldsymbol{G}(i,k)$ 的形式为

$$\boldsymbol{G}(i,k) = \begin{bmatrix} 1 & & & & & & \\ & \ddots & & & & & \\ & & C & & S & & \\ & & & \ddots & & & \\ & & -S & & C & & \\ & & & & & \ddots & \\ & & & & & & 1 \end{bmatrix} \tag{9.38}$$

式中，$C = \dfrac{x_1}{\sqrt{x_1^2 + x_2^2}}, S = \dfrac{x_2}{\sqrt{x_1^2 + x_2^2}}$。

3. GG 变换算法

GG 变换逐行进行处理是一个累积的过程，即处理第 l 次观测时，前面 $l-1$ 次均已经处理完毕，这使处理中无须存储多余的数据。此外，当偏导数阵为稀疏矩阵时，该方法可以充分利用大量零元素的特点减少计算量。

算法：

初始置 $d_i = 0, (i = 1, \cdots n)$，上三角矩阵 $\boldsymbol{U} = 0$，$b_i = 0, (i = 1, \cdots, n)$，然后对每个数据进行如下运算（以第 k 个数为例）。下面计算步骤中的 h_{ki} 为第 k 个观测数据的偏导数，y_k 为残差，δ_k 为权重，其余变量为临时变量。

---

do $i = 1, \cdots, n$

　if（$h_{ki} = -0$）cycle

$$d_i' = d_i + \delta_k h_{ki}^2$$

$$\overline{S} = \frac{\delta_k h_{ki}}{d_i'}$$

$$y_k' = y_k - b_i h_{ki}$$

$$b_i = b_i + y_k' \overline{S}$$

$$y_k = y_k'$$

$$\delta k = \frac{\delta_k d_i}{d_i'}$$

$$d_i = d_i'$$

do $j = i + 1, \cdots, n$

$$h_{kj}' = h_{kj} - \boldsymbol{U}_{ij} h_{ki}$$

$$\boldsymbol{U}_{ij} = \boldsymbol{U}_{ij} + h_{kj}' \overline{S}$$

$$h_{kj} = h_{kj}'$$

next j

next i

经过上述步骤得到最终的线性方程组 $\boldsymbol{U}_x = \boldsymbol{b}$，$\boldsymbol{U}$ 为上三角矩阵，对此方程组进行逐行回代即可得到待估参数的解。

■ 9.5　数据剔野与加权问题

9.5.1　数据剔野

观测误差一般分为系统误差、随机误差和过失误差。数据剔野的目的就是剔除包含过失误差的观测数据，即通常所说的野值。数据剔野的一个最基本的原则就是发生"将有效观测当野值剔除的误剔事件"的概率很小。在实际工作中，还假设出现野值的概率是一个小概率的孤立事件。因此，一旦知道观测中随机误差所服从的概率分布时，就可以依据本原则建立相应的剔野准则。

$n\sigma$ 剔野准则是针对随机误差服从正态分布的观测序列提出的，其中 3σ 准则（也叫拉依达准则）对应误剔事件的发生概率不大于 0.3%。在测量学中，2.6σ 准则也是较为常用的，其对应误剔事件的发生概率不大于 1%。若要求再严格些，就可以选 3.3σ 准则甚至更大的 n 值剔野。

对一时间序列的观测量 $O_i\,(i = 1,2,\cdots,l)$，假设对应的真值为 $C_i\,(i = 1,2,\cdots,l)$，观测中的随机误差分布服从正态分布，其相应的标准偏差为 σ。若观测满足

$$O_i - C_i - \Delta_i > 3\sigma \qquad (9.39)$$

则认为该观测包含过失误差，可当作野值予以剔除。上式中，Δ_i 为观测中所含的系统误差。

在实际工作中，存在以下几个问题：①不可能准确知道真值 C_i；②也可能不知道系统误差 Δ_i；③也不能准确得到观测随机误差的标准偏差 σ。

对第一个问题，真值一般通过建立理论模型，计算给出其近似值。由此可能引入建模误差，严格说这是一种系统误差，但在实际工作中，常归于随机误差进行处理。

对第二个问题，部分系统误差可通过事先标校给出（如设备的零值偏差、设备线路时延等），部分也可通过建模给出（如对流层折射，电离层延迟等），还

有部分可能无法处理，于是将被归入到随机误差中。

对第三个问题，虽然不能得到精确的 σ 值，但是一般设备都会给出一个其理论的精度指标（表示随机噪声分量的指标），用这个值代替也比较合适。需要说明的是，这个指标参数常用于观测数据的加权，用于数据剔野则要看场合，否则有可能会导致意外发生。正如前面提到的，真值和系统误差都不是准确已知的，大多是通过建模计算得到的，而这些模型的参数往往在一开始是很不准确的，因此，它们将引入很大的误差，从而影响观测误差的分布。此时，若直接取先验的精度指标参数来用于 3σ 准则剔野，则可能会剔除大量的有效数据。当然，如果有关真值和系统误差的模型参数事先已经足够精确了，那么就可以比较放心地取这个先验的精度参数来实施剔野了。

在实际定轨计算中，标准偏差通常采用残差的均方根误差（即通常说的RMS 值）来代替，

$$\hat{\sigma} = \sqrt{\frac{\sum\limits_{i=1,l} v_i^2}{l-m}} \tag{9.40}$$

式中，$v_i = O_i - \tilde{C}_i - \tilde{\Delta}_i$，字符上的"～"符号表示计算得到的近似值；$l$ 为观测总个数，m 为待估参数的个数。

在实际工作中，数据剔野处理一般是通过迭代来逐步完成的。开始剔野的精度门限给大点，先估计个相对准确的真值及系统误差，统计观测残差的 RMS 值作为下次迭代剔野的精度门限，然后估计出似乎更准确的真值和系统误差，再统计 RMS，如此反复迭代，直至收敛为止。通常可以用前后两次迭代得到的 RMS的差值来判断收敛，即当满足

$$\left| \frac{\text{RMS}^{(i)} - \text{RMS}^{(i-1)}}{\text{RMS}^{(i-1)}} \right| < \varepsilon \tag{9.41}$$

时就可认为迭代收敛了。上式中 ε 是一个正小数，一般取 0.01 即可。

9.5.2 加权问题

观测数据具有不同的精度，对所有的观测数据进行等权处理显然不合适，因而产生了加权最小二乘，这就涉及观测数据的加权问题。第 5 章已经给出了最优加权的方式，但是在实际应用中无法按照随机采样的方差进行加权处理。在实际

定轨工作中，通常采用残差统计信息代替随机采样的方差。但在不同类型数据同时用于定轨计算中时，首先要考虑计算单位和残差的归一化，再根据各类数据误差对定轨精度的影响的相对大小进行加权处理。

■ 9.6　天地基网联合定轨

航天器采用不同的测控体制，就对应着不同的定轨方法。目前，基于导航星或者中继星的中低轨用户星，采用的是由地面站提供高轨测量星轨道的单纯的天基网定轨模式。由于天基系统的测量星轨道由地面测控系统负责测轨，测量星就相当于测站坐标已知的在空间绕地球运转的观测站，测量星本身的轨道误差就相当于地面站的坐标误差，不同的是它随时间变化，而且由于提供的测量星轨道可能并不对应用户星的测量时刻，测量星的轨道误差会随二者时间差距的增大而增大，这给用户航天器的轨道确定带来一个新的并且可能是比较大的误差源，从而在一定程度上限制了这种定轨模式的应用。

鉴于上述原因，可采用测量星与用户航天器联合定轨的方法来提高定轨精度，但必须同时有地面站对测量星的采样资料，故称为天地基网联合定轨。一个中低轨星座中星–星相对测量与地面站对星座中一颗或几颗星（相当于测量星）的采样资料进行联合定轨也是基于同一原理。下面对天地基网联合定轨的基本原理加以阐明。

测量资料有两种，即地面测控网对测量星的测距资料 ρ_1 和测量星对用户星的测距资料 ρ_2，状态量为 $\boldsymbol{X}$，有

$$\boldsymbol{X} = \begin{pmatrix} \sigma_1 \\ \sigma_2 \end{pmatrix} \tag{9.42}$$

其中，σ_1 和 σ_2 分别为测量星和用户星的轨道量，可以是坐标和速度矢量，亦可以是轨道根数。

状态微分方程的形式与单星类似，即

$$\begin{cases} \dot{X} = F(X,t) \\ X(t_0) = X_0 \end{cases} \tag{9.43}$$

观测量仍记为 Y，测量方程为

$$Y = H(X, t) + V \tag{9.44}$$

对于 ρ 资料，有

$$\begin{cases} \rho_1 = H_1(t, X) + V_1 = |\vec{r}_1 - \vec{r}_e| + V_1 \\ \rho_2 = H_2(t, X) + V_2 = |\vec{r}_2 - \vec{r}_1| + V_2 \end{cases} \tag{9.45}$$

式中，$\vec{r}_e$ 是地面站的位置矢量。与前面几章针对地面站的单星定轨类似，相应的条件方程（即定轨方程）仍可写成下列形式：

$$y = \tilde{B} x + V \tag{9.46}$$

式中，y 是残差；x 是待估状态量 X_0 的改正值，即

$$y = Y_O - Y_C = \rho_O - \rho_C \tag{9.47}$$

式中，Y_O 和 Y_C 分别是观测量的测量值和计算值。对于 ρ 资料，矩阵 $\tilde{B}$ 的具体形式为

$$\tilde{B} = \begin{pmatrix} B_1 \\ B_2 \end{pmatrix} = \begin{pmatrix} \left(\dfrac{\partial \rho_1}{\partial (\vec{r}_1, \vec{r}_e)} \right) & \left(\dfrac{\partial (\vec{r}_1, \vec{r}_e)}{\partial X} \right) & \left(\dfrac{\partial X}{\partial X_0} \right) \\ \left(\dfrac{\partial \rho_2}{\partial (\vec{r}_2, \vec{r}_1)} \right) & \left(\dfrac{\partial (\vec{r}_2, \vec{r}_1)}{\partial X} \right) & \left(\dfrac{\partial X}{\partial X_0} \right) \end{pmatrix} \tag{9.48}$$

如果地面测站坐标不参与估计，上式可写为

$$\tilde{B} = \begin{pmatrix} B_1 \\ B_2 \end{pmatrix} = \begin{pmatrix} \left(\dfrac{\partial \rho_1}{\partial \vec{r}_1} \right) & \left(\dfrac{\partial \vec{r}_1}{\partial X} \right) & \left(\dfrac{\partial X}{\partial X_0} \right) \\ \left(\dfrac{\partial \rho_2}{\partial (\vec{r}_2, \vec{r}_1)} \right) & \left(\dfrac{\partial (\vec{r}_2, \vec{r}_1)}{\partial X} \right) & \left(\dfrac{\partial X}{\partial X_0} \right) \end{pmatrix} \tag{9.49}$$

这里涉及的各表达式的具体形式不再列出，与前面的单星情况无实质性差别。

■ 9.7 轨道精度的评估

轨道精度的准确评估非常困难，首先，作为精度评估的真正准则——"轨道真值"并不存在；其次，可作为评判标准的更高精度的轨道通常也难以获取。因此，轨道精度的评估只能是一种近似的，并且在一定假设条件下的统计结果。实际工作中，通常采用两种指标评估轨道精度：①内符合精度；②外符合精度。

内符合精度使用轨道拟合后残差的均方根误差和估计协方差表示，取决于定轨中的模型精度、测量数据的精度、定轨数据的弧长等；外符合精度就是通过外部的手段来评判轨道的精度。

1. 定轨数据的拟合度

利用定轨数据的拟合情况进行轨道精度的评估分析，属于数据内符合比较。数据的拟合度，也就是定轨数据残差的均方根误差。通常，在观测几何较好条件下，对于同样的数据，使用不同的方法确定航天器的轨道，内符合精度高的，通常定轨精度更高；均方根误差越小，定轨结果与数据的拟合程度越好。

结合定轨数据的拟合度与轨道估计理论的状态估计误差协方差阵可以简单地反映轨道精度，但是该方法只能作为参考。数据拟合度是轨道精度的一个重要指标，但不是绝对可靠的指标。

一般而言，判断轨道的精度首先要观察的就是观测资料的拟合程度。如果观测资料的残差很大，说明计算可能有误。只有当观测资料的拟合达到令人满意的程度（拟合误差与测量数据的实际噪声水平相当），或者说观测资料残差 RMS 不能看出明显的计算错误时，才可以用其他的方法来对轨道精度进行评价。但是，不能将观测资料的拟合程度当作评定轨道精度的唯一和绝对标准。

2. 重叠弧段轨道比较

重叠弧段轨道比较是常用的轨道精度检验方法，通过比较相同定轨弧段内航天器的轨道差异评判轨道精度，通常重叠弧段仅占定轨弧段的一小部分（图 9 – 5）。尽管在重叠弧段内两组比较轨道使用了相同的观测数据，但是

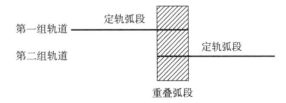

图 9 – 5 重叠弧段轨道比较

轨道是通过两次独立解算得到的，且重叠弧段数据仅为定轨数据弧段的小部分，可以近似认为两组轨道在重叠弧段内不相关，轨道重叠部分的符合程度在一定程度上可以反映轨道精度。重叠弧段轨道比较仍然属于一种内符合精度。

对于环绕型探测器，重叠弧段一般选择数个轨道周期，以反映不同位置的轨道精度；对于转移轨道，重叠弧长的选取需要根据具体情况而定。

3. 独立数据校验

独立数据是指未参与定轨计算的测量数据，比较常见的用于精度检验的独立数据有 SLR、交叉点数据等。用于检验精度的独立数据要求精度比较高，可用于评估比其精度低 1 个量级的轨道精度。

比如，SLR 测量的是望远镜至航天器的往返距离，是轨道在视线方向的投影。SLR 具有观测精度高、无模糊度、不受电离层影响的特点，可以用作轨道精度校验。目前，站址精度与 SLR 测量精度可达厘米级，甚至更高。由于激光信号频率高，传播路径介质延迟可以准确至厘米级，因此 SLR 可用于对其他定轨结果的视向精度进行检核。

4. 独立轨道比较

更为直接的轨道精度检验方法是利用其他独立轨道进行比较。这里所说的独立轨道是指采用了不同的软件，基于不同的模型与定轨策略，甚至是不同的数据源获取的轨道。一般而言，使用其他轨道结果作为检验标准，需要与被鉴定的轨道结果精度相当或是更高，才能得出比较符合实际的鉴定精度。

■ 9.8 协方差分析

定轨计算的估值方法通常采用加权最小二乘估计方法或者是最小方差估计。由于最小方差估计中观测数据的方差设置与权重设置本质上是一致的，因此最终的计算公式的形式是相同的。定轨计算就是解算一组合适的航天器状态参数，使观测数据加权的残差平方和取值最小。在理想状态下，不考虑测量与模型的误差，解算的这组参数就是"真实的"状态参数，使所有观测数据的残差为零。然而测量都是存在误差的，这种误差可以是随机的，也可能包含系统性的偏差。协方差分析忽略了系统误差，从统计学的角度测量的随机误差可以通过数学期望来描述，基本假设是测量的随机误差满足期望值为零，即 $E(\varepsilon) = 0$，各测量数据之间是不相关的，即 $E(\varepsilon_i \varepsilon_j) = 0, i \neq j$。

假设有 l 组观测数据，其观测方程表示为

$$y_i = \sum_{j=1}^{n} h_{ij} x_j + \varepsilon_i \tag{9.50}$$

其中，y_i 为第 i 次的测量残差，$i = 1, \cdots, l$ ；h_i 为观测偏导数；ε_i 为测量噪声，每个观测数据对应的权重为 ω_i ；x 为待估参数在参考状态处的改进量。

总的观测方程可以表示为

$$Y = Hx + \varepsilon \tag{9.51}$$

其中，

$$Y = \begin{bmatrix} y_1 \\ y_2 \\ \vdots \\ y_l \end{bmatrix}, \quad H = \begin{bmatrix} h_1 \\ h_2 \\ \vdots \\ h_l \end{bmatrix}, \quad \varepsilon = \begin{bmatrix} \varepsilon_1 \\ \varepsilon_2 \\ \vdots \\ \varepsilon_l \end{bmatrix} \tag{9.52}$$

待估参数相应的最优估计为

$$\hat{x} = (H^{\mathrm{T}} W H)^{-1} H^{\mathrm{T}} W Y \tag{9.53}$$

其中，W 为观测数据的权重设置，满足 $W = \mathrm{diag}(\omega_1, \cdots, \omega_l)$。

根据协方差定义，待估参数的协方差（计算协方差）为

$$\begin{aligned} P &= E\big[(\hat{x} - E(x))(\hat{x} - E(x)) \big]^{\mathrm{T}} \\ &= (H^{\mathrm{T}} W H)^{-1} \end{aligned} \tag{9.54}$$

从式（9.54）中可以看到，协方差矩阵 P 与测量数据的权重（或是标准方差）相关，在权矩阵中体现；协方差矩阵 P 还与偏导数矩阵 H 相关，体现的是特征参数类型与跟踪几何的关系。需要注意的是，协方差矩阵 P 中并未出现实际测量数据，这表明实际的观测误差并不会对计算协方差产生影响。

9.8.1　考察协方差矩阵及其计算方法

通过协方差矩阵可以简单、清晰地反映出轨道参数的解算精度与测量数据质量的关系。但是，协方差分析的运用有一些基本条件：测量数据不存在系统性偏差，且每次测量之间不相关；忽略动力学模型的误差影响；忽略误差参数存在的误差。在实际定轨计算中，这些条件显然是不满足的，未模制的参数必然会影响定轨计算的精度，在某些情况下甚至是制约定轨计算精度的主要影响因素。

考察协方差分析理论是研究分析解算参数的可解性，并评估考察参数的误差对待估参数解算精度影响的重要数学工具。Tapley 最早将协方差分析理论应用于

空间大地测量和精密定轨技术研究，并使其成为统计定轨理论的重要组成部分，可用于分析待解参数的先验误差对解算精度的影响，分析在动力学和测量模型中未进行模制参数对待估参数解算结果的影响。

为不失一般性，在观测方程中引入考察参数后，线性化观测方程的数学模型可以表示为

$$y_i = \sum_{j=1}^{n} H_{i,j} x_j + \sum_{k=1}^{m} H_{i,k} c_k + \varepsilon_i \tag{9.55}$$

式中，x_j 表示求解参数；$H_{i,j}$ 表示解算参数的偏导数；c_k 表示考察参数；$H_{i,k}$ 表示考察参数的偏导数。与式（9.50）相比，式（9.55）中增加了对考察参数 c_k 的偏导数。

总的观测方程可以表示为

$$Y = H_x x + H_c c + \varepsilon \tag{9.56}$$

其中，H_x 表示解算参数的偏导数矩阵，H_c 表示待估参数的偏导数矩阵。

不考虑考察参数时，解算参数为

$$\hat{x} = (H_x^{\mathrm{T}} W H_x)^{-1} H_x^{\mathrm{T}} W (Y - H_c \bar{c}) \tag{9.57}$$

式中，$\bar{c}$ 表示采用值与期望值的不一致。

上述估值与期望值的差可以表示为

$$\begin{aligned} \hat{x} - x &= (H_x^{\mathrm{T}} W H_x)^{-1} H_x^{\mathrm{T}} W (Y - H_c \bar{c}) - x \\ &= P H_x^{\mathrm{T}} W H_c (c - \bar{c}) + P H_x^{\mathrm{T}} W \varepsilon \end{aligned} \tag{9.58}$$

其中，$P = (H_x^{\mathrm{T}} W H_x)^{-1}$，即为计算协方差。

根据定义，考虑考察参数的待估参数协方差（考察协方差）可以表示为

$$\begin{aligned} P_c &= E[(\hat{x} - x)(\hat{x} - x)^{\mathrm{T}}] \\ &= E\{[P H_x^{\mathrm{T}} W H_c c + P H_x^{\mathrm{T}} W \varepsilon][\varepsilon^{\mathrm{T}} W H_x P^{\mathrm{T}} + c^{\mathrm{T}} H_c^{\mathrm{T}} W H_x P^{\mathrm{T}}]\} \\ &= P + P H_x^{\mathrm{T}} W H_c \pi H_c^{\mathrm{T}} W H_x P \end{aligned} \tag{9.59}$$

其中，$\pi = E[(c - \bar{c})(c - \bar{c})^{\mathrm{T}}]$。注意，当 $\pi = 0$ 时，$P_c = P$。所以计算协方差即考察参数没有误差时的协方差。

在考察协方差的推导过程中，涉及两类随机变量 ε 与 c，这两类变量有着本质的区别。ε 表示测量的随机噪声，对于每一个观测数据均不相同，而变量 c 在每次定轨计算中实为一个常数，并不是真正的具有随机特性。

考察协方差矩阵可以通过计算协方差矩阵表示，由式（9.59）可知只有当考察参数的不确定为零时，考察协方差与计算协方差相同。否则，考察参数的引入将使考察协方差 $\boldsymbol{P}_c$ 的迹大于计算协方差 $\boldsymbol{P}$ 的迹，表明考察参数的误差只会降低估值参数的估值精度。

9.8.2　敏感矩阵和扰动矩阵

考察协方差的使用中通常会涉及敏感矩阵与扰动矩阵。

敏感矩阵反映了待估参数如何随着考察参数的变化而变化，其定义为 $\boldsymbol{S}_{xc} = \dfrac{\partial \hat{\boldsymbol{x}}}{\partial \bar{\boldsymbol{c}}}$，由式（9.57）可得

$$\boldsymbol{S}_{xc} = -\boldsymbol{P}\boldsymbol{H}_x^{\mathrm{T}}\boldsymbol{W}\boldsymbol{H}_c \tag{9.60}$$

将式（9.60）代入式（9.59），考察协方差则可以表示为

$$\boldsymbol{P}_c = \boldsymbol{P} + \boldsymbol{S}_{xc}\boldsymbol{\pi}\boldsymbol{S}_{xc}^{\mathrm{T}} \tag{9.61}$$

扰动矩阵的定义为

$$\boldsymbol{\Gamma} = \boldsymbol{S}_{xc}\mathrm{diag}(\boldsymbol{\sigma}_c) \tag{9.62}$$

其中，σ_c 表示考察参数的标准偏差。扰动矩阵表示考察参数的 1 倍方差误差对解算参数的影响。

将式（9.62）代入式（9.59），考察协方差可以表示为

$$\boldsymbol{P}_c = \boldsymbol{P} + \boldsymbol{\Gamma}\boldsymbol{\Gamma}^{\mathrm{T}} \tag{9.63}$$

9.8.3　协方差矩阵的传递

假设已知 t_j 时刻的协方差矩阵及航天器的运动方程，则 t_k 时刻的协方差矩阵可以通过以下方式计算得到。

根据协方差定义，t_k 时刻状态参数的协方差为

$$\begin{aligned} \boldsymbol{P}_k &= E\left[(\hat{\boldsymbol{x}}_k - \boldsymbol{x}_k)(\hat{\boldsymbol{x}}_k - \boldsymbol{x}_k)^{\mathrm{T}}\right] \\ &= E\left[\left[\boldsymbol{\Phi}(t_k, t_j)(\hat{\boldsymbol{x}}_j - \boldsymbol{x}_j)\right]\left[\boldsymbol{\Phi}(t_k, t_j)(\hat{\boldsymbol{x}}_j - \boldsymbol{x}_j)\right]^{\mathrm{T}}\right] \\ &= \boldsymbol{\Phi}(t_k, t_j)\boldsymbol{P}_j\boldsymbol{\Phi}^{\mathrm{T}}(t_k, t_j) \end{aligned} \tag{9.64}$$

式中，$\boldsymbol{\Phi}(t_k, t_j)$ 为状态转移矩阵。

对于考察协方差，标记为 $\boldsymbol{P}_{ck}$，根据定义

$$P_{ck} = E[(\hat{x}_{ck} - x_k)(\hat{x}_{ck} - x_k)^{\mathrm{T}}]$$
$$= E[[\boldsymbol{\Phi}(t_k,t_j)(\hat{x}_j - x_j) + \theta(t_k,t_j)\hat{c}][\boldsymbol{\Phi}(t_k,t_j)(\hat{x}_j - x_j) + \theta(t_k,t_j)\hat{c}]^{\mathrm{T}}]$$
$$= \boldsymbol{\Phi}(t_k,t_j)P_{cj}\boldsymbol{\Phi}^{\mathrm{T}}(t_k,t_j) + \theta(t_k,t_j)P_{cc}\theta^{\mathrm{T}}(t_k,t_j) +$$
$$\boldsymbol{\Phi}(t_k,t_j)S_j P_{cc}\theta^{\mathrm{T}}(t_k,t_j) + \theta(t_k,t_j)P_{cc}S_j^{\mathrm{T}}\boldsymbol{\Phi}^{\mathrm{T}}(t_k,t_j) \tag{9.65}$$

9.8.4　观测噪声和先验状态方程误差对批处理的影响

协方差分析中使用的观测数据的噪声设置及先验状态协方差也存在一定的误差，该误差会对协方差矩阵产生影响。

标记观测数据的噪声设置及先验状态协方差的误差分别为 δR 和 δP_0，R^* 和 $\bar{P}_0^*$ 为相应的真值，满足

$$R^* = R + \delta R$$
$$P_0^* = P_0 + \delta \bar{P}_0 \tag{9.66}$$

不考虑 $\delta R, \delta P_0$，待估参数的解为

$$\hat{x} = (H^{\mathrm{T}}R^{-1}H + \bar{P}_0^{-1})^{-1}(H^{\mathrm{T}}R^{-1}y + \bar{P}_0^{-1}\bar{x}) \tag{9.67}$$

其中，

$$\bar{x} = x + \eta \quad y = Hx + \varepsilon \tag{9.68}$$

并且，

$$E(\eta\eta^{\mathrm{T}}) = \bar{P}_0^* \quad E(\varepsilon\varepsilon^{\mathrm{T}}) = R^* \tag{9.69}$$

待估参数解也可表示为

$$\hat{x} = (H^{\mathrm{T}}R^{-1}H + \bar{P}_0^{-1})^{-1}[H^{\mathrm{T}}R^{-1}(H_x x + \varepsilon) + \bar{P}_0^{-1}(x + \eta)] \tag{9.70}$$

假设观测误差与待估参数不相关，即 $E(\varepsilon\eta^{\mathrm{T}}) = 0$，则根据定义，待估参数的协方差为

$$P_c = E[(\hat{x} - x)(\hat{x} - x)^{\mathrm{T}}]$$
$$= (H^{\mathrm{T}}R^{-1}H + \bar{P}_0^{-1})^{-1}[H^{\mathrm{T}}R^{-1}E(\varepsilon\varepsilon^{\mathrm{T}})R^{-1}H] +$$
$$[\bar{P}_0^{-1}E(\eta\eta^{\mathrm{T}})\bar{P}_0^{-1}](H^{\mathrm{T}}R^{-1}H + \bar{P}_0^{-1})^{-1}$$
$$= P[H^{\mathrm{T}}R^{-1}R^* R^{-1}H + \bar{P}_0^{-1}\bar{P}_0^*\bar{P}_0^{-1}]P \tag{9.71}$$

将式（9.66）代入式（9.71）得

$$P_c = P + P[H^{\mathrm{T}}R^{-1}\delta R R^{-1}H + \bar{P}_0^{-1}\delta\bar{P}_0\bar{P}_0^{-1}]P \tag{9.72}$$

其中，第二项表示观测噪声和先验状态方程误差对批处理结果的影响。

9.8.5　误差椭圆

误差椭圆通常用于描述点位的误差分布范围，是平面误差分布的概率密度等值线，其半长轴与半短轴分别表征平面点位误差的最大误差和最小误差分布方向，其大小分别表示平面点误差沿长短半轴方向的标准偏差。

误差椭圆可根据点位的协方差矩阵计算得到。假设点 (x,y) 在平面上的坐标的协方差为

$$P = \begin{bmatrix} P_{xx} & P_{xy} \\ P_{yx} & P_{yy} \end{bmatrix} \tag{9.73}$$

其中 $P_{xy} = P_{yx}$。

则协方差的特征方程为

$$|P - \lambda I| = \begin{vmatrix} P_{xx} - \lambda & P_{xy} \\ P_{yx} & P_{yy} - \lambda \end{vmatrix} = 0 \tag{9.74}$$

解得

$$\lambda = \frac{1}{2}(P_{xx} + P_{yy}) \pm \frac{1}{2}\sqrt{(P_{xx} + P_{yy})^2 - 4(P_{xx}P_{yy} - P_{xy}^2)} \tag{9.75}$$

记

$$\begin{aligned} K &= \sqrt{(P_{xx} + P_{yy})^2 - 4(P_{xx}P_{yy} - P_{xy}^2)} \\ &= \sqrt{(P_{xx} - P_{yy})^2 + 4P_{xy}^2} \end{aligned} \tag{9.76}$$

则有

$$\begin{cases} \lambda_1 = \frac{1}{2}(P_{xx} + P_{yy} + K) \\ \lambda_2 = \frac{1}{2}(P_{xx} + P_{yy} - K) \end{cases} \tag{9.77}$$

上式的两个解是特征值的最大值与最小值，也是误差椭圆的长半轴与短半轴。下面计算特征值的方向。

将特征值代入特征向量方程，有

$$\begin{bmatrix} P_{xx} - \lambda & P_{xy} \\ P_{yx} & P_{yy} - \lambda \end{bmatrix} \begin{bmatrix} x \\ y \end{bmatrix} = 0 \quad (9.78)$$

或者写成

$$\begin{cases} (P_{xx} - \lambda)x + P_{xy}y = 0 \\ P_{yx}x + (P_{yy} - \lambda)y = 0 \end{cases} \quad (9.79)$$

则特征值方向角 φ 满足

$$\tan\varphi = \frac{y}{x} = \frac{\lambda - P_{xx}}{P_{xy}} = \frac{p_{xy}}{\lambda - P_{yy}} \quad (9.80)$$

利用式（9.77）和式（9.79）可以作出相应的误差椭圆，如图 9 - 6 所示。

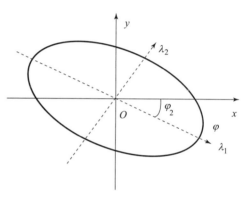

图 9 - 6　误差椭圆

9.8.6　应用算例

嫦娥三号月球探测工程在月球放置着陆器，实现月球软着陆，对月球着陆器进行精确定位是对测控系统的基本要求。在任务实施前，基于协方差分析理论给出了着陆器可能的定位精度，并分析了主要误差源对定位精度的影响。

对月面着陆器进行定位计算需要建立运动方程、观测模型，采用贝叶斯加权最小二乘估值算法。由于月球着陆器固连于月球，着陆器可以通过国际天文学联合会（International Astronomical Union，IAU）发布的月球定向参数模型，或是美国喷气推进实验室（Jet Propulsion Laboratory，JPL）提供的行星历表中的欧拉角建立其在天球参考系中的运动方程；观测模型用于描述航天器相对于测站之间的关系，需要考虑站址误差及坐标转换的误差。此外，无线电信号在传播路径中由于对流层、电离层也会产生延迟影响。

观测模型计算中涉及站址坐标的使用，目前站址一般在数十厘米至几个厘米精度，而地球定向参数是坐标系统转换中的必要参数，其精度直接影响着站址坐标转换的精度。根据 IERS 的预报精度说明，极移预报 2 周的精度约为 0.006″，

UT1 精度约为 1.9 ms，这两项预报误差对站址转换的影响最大约为 1 m。JPL 发布的行星历表 DE 421 中月球历表的构建使用了包括 Apollo 11、14、15 与 Lunokhod 2 激光反射阵的激光测距信息，通过对近 30 年测量数据的分析，DE 421 历表中月球轨道精度处于亚米级，其中在地球视向方向误差仅为几个厘米。历表误差对与观测建模产生的差异远小于当前的测量噪声，因此可以忽略历表误差的影响。中国深空网对着陆器可以进行测距与测速测量，测距精度为 2 ~ 3 m，测速精度可达 0.3 ~ 0.5 mm/s。

嫦娥三号着陆器落点为西经 19.3°，北纬 44.1°，任务中测控系统采用三程跟踪测量，会同时获取两个甚至多个测站的测距跟踪。对联系 3 天跟踪弧段，基于协方差分析理论对着陆器的定位进行分析，考虑了 4 种数据组合方式：①单站测距；②单站测距与测速；③双站站测距；④单站与 3 条 VLBI 基线的时延数据。3 条基线分别为上海—北京，北京—昆明，昆明—乌鲁木齐，各基线之间相互独立。仿真参数设置如表 9 - 2 所示。

表 9 - 2　仿真参数设置

参数	模型
行星历表	DE421
深空站测距	随机差：2 m 系统差：10 m
深空站测速	随机差：0.5 mm/s 系统差：0 mm/s
VLBI 时延	随机差：3 ns 系统差：2 ns
站址误差	ITRS 坐标系中 3 个方向各 50 cm 误差

使用连续 30 分钟跟踪作为短弧条件下着陆器定性分析的条件。考虑到 12 月 15 日至 17 日，测站每天可对着陆器进行约 12 小时的连续跟踪，将每天的可跟踪弧段划分为 4 个弧段进行分析，每隔 3 个小时取一组数据，分别标记为弧段 1 ~ 4。表 9 - 3 为 12 月 15 日不同数据组合与不同的跟踪时间的定位分析结果，分别给出了定位结果在月固坐标系中的形式误差。由于不同数据组合中均使用了距离测量信息，定位误差在月固坐标系的 X 方向最小，比 Y/Z 方向的误差小了近 2 个

量级，下面的分析在月固坐标系的 $Y-Z$ 平面开展。

表 9 - 3 短弧定位形式误差统计

形式误差		①	②	③	④
弧段 1	X/m	950.37	0.33	5.06	5.11
	Y/m	40 550.36	29.96	45.14	197.29
	Z/m	60 418.20	743.77	161.98	251.62
弧段 2	X/m	345.83	1.14	5.05	5.29
	Y/m	12 598.94	18.15	109.41	151.57
	Z/m	25 469.88	264.37	68.46	237.43
弧段 3	X/m	136.25	7.09	5.15	7.96
	Y/m	538.41	60.96	146.32	233.56
	Z/m	10 875.32	705.28	69.60	431.00
弧段 4	X/m	46.37	23.40	5.46	8.70
	Y/m	11 961.87	438.56	169.68	206.20
	Z/m	349.63	1 993.66	153.98	510.57

如果将着陆器定位计算使用的数据弧长由 30 分钟增加至 3 小时，其他条件不变，则定位结果得到明显改善。图 9 - 7 给出了相应的误差椭圆。模式（a）与（b）中，单站测距数据定位精度得到了明显改善，不同条件下定位结果的形式误差在千米量级，甚至优于 1 km；模式（c）定位误差在百米之内；模式（d）中 3 小时数据较 30 分钟数据定位结果没有明显提高，这是由于 VLBI 时延测量的系统差引起的，如果不考虑时延的系统差，则 3 小时数据定位结果可以收敛至 100 m 的误差椭圆范围内，这与模式（c）的定位结果相当。

月球着陆器固连于月球表面，因而月面高程也可为着陆器提供很好的定位信息。使用月球地心模型，即相当于增加了一类观测数据，其测量方程可以描述为

$$\sqrt{x^2 + y^2 + z^2} = r_0 + r(\lambda, \phi) + \varepsilon \tag{9.81}$$

其中，x, y, z 表示着陆器在月固系中的位置分量；r_0 表示月球地形模型的参考半径；$r(\lambda, \phi)$ 表示着陆器的高程，是着陆器经纬度的函数，通过地形模型计算；ε 表示测量噪声。

针对 30 分钟测轨数据，使用月面地形约束进行定位分析，高程不确定度设

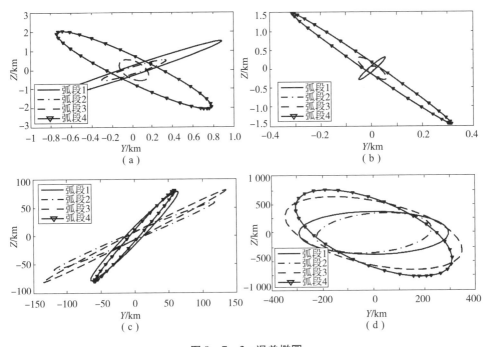

图 9 - 7　3σ 误差椭圆

置为 50 m，其他参数同表 9 - 3。图 9 - 8 给出了短弧条件（30 分钟测量数据）下不同数据组合模式的定位计算结果。相对于不使用高程约束，定位计算精度得到了明显提高，其中模式（a）~（c）定位精度均优于 500 m，且不同跟踪条件下定位结果较为一致，非常稳定。但是模式（d）的定位精度并没有明显改善，这同样是因为该分析考虑了 VLBI 时延测量的系统偏差；如果不考虑该系统性偏差，则误差椭圆迅速收敛至 100 m 范围内，优于模式（a）~（c）的定位结果。

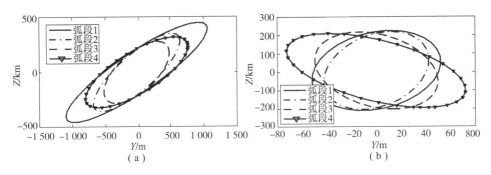

图 9 - 8　3σ 误差椭圆（短弧条件）

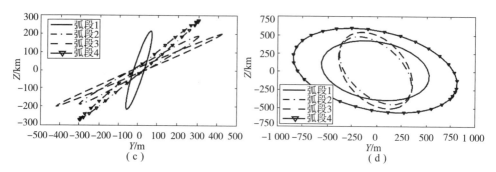

图 9 – 8　3σ 误差椭圆（短弧条件）（续）

参考文献

［1］ VISSER P, AMBROSIUS B. Orbit determination of topex/Poseidon and TDRSS satellites using TDRSS and BRTS tracking ［J］. Advances in Space Research, 1997, 19 (11)：1641 – 1644.

［2］ TAPLEY B D, SCHUTZ B E, GEORGE H B. Statistical orbit determination ［M］. SAN Diego：Elsevier Academic Press, 2004.

［3］ 黄珹，刘林. 参考坐标系及航天应用 ［M］. 北京：电子工业出版社，2015.

［4］ 刘林. 航天器轨道理论 ［M］. 北京：国防工业出版社，2000.

［5］ DUHA J, GERMANO B A. Thermal re – emission effects on GPS satellites ［J］. Journal of Geodesy, 2006 (80)：665 – 674.

［6］ OLIVER M, EBERHARD G. Satellite orbits：models, methods, applications ［M］. Berlin：Springer Verlag, 2012.

［7］ DOW J M, MUENCH R. Precise orbit determination at ESOC：experience, results and implications for future ESA missions ［J］. ESA Special Publication, 1986 (255)：207 – 212.

2009 年第 27 届 IAU 大会通过了 B2 决议：自 2010 年 1 月 1 日起采用 IAU 2009 天文常数系统，替代 IAU 1976 天文常数系统，见表 A–1～A–4。

表 A–1　固有定义常数

常数	取值	不确定度	描述
c	299 792 458 ms^{-1}	—	光速

表 A–2　辅助定义常数

常数	取值	不确定度	描述
k	$1.720\ 209\ 895 \times 10^{-5}$	—	高斯引力常数
L_G	$6.969\ 290\ 134 \times 10^{-10}$	—	$1 - d(TT)/d(TCG)$
L_B	$1.550\ 519\ 768 \times 10^{-8}$	—	$1 - d(TDB)/d(TCB)$
TDB_0	-6.55×10^{-5} s	—	原子时 2 443 144.5 时刻的 TDB – TCB
θ_0	0.779 057 273 264 0 rev	—	J2000.0 历元时刻地球自转角
$d\theta/dt$	1.002 737 811 911 354 4 rev/UT1day	—	地球自转角平均变率

表 A–3　固有测量常数

常数	取值	不确定度	描述
G	$6.674\ 28 \times 10^{-11}$ m^{3}kg^{-1}s^{-2}	6.7×10^{-15} m^{3}kg^{-1}s^{-2}	引力常数

表 A – 4　导出常数

常数	取值	不确定度	描述
au	$1.495\ 978\ 707 \times 10^{11}$ m	3 m	天文单位
L_c	$1.480\ 826\ 867\ 41 \times 10^{-8}$	2×10^{-17}	$\mathrm{d(TCG)/d(TCB)}$ 的平均值

附录二
太阳系大天体质量参数

表 B-1 太阳系大天体质量参数 (DE421)

大行星	$GM_\odot/GM_i$	$GM_i/\mathrm{km^3\,s^{-2}}$
水星	6 023 597. 400 017	22 032.090 000
金星	408 523. 718 655	324 858. 592 000
地球	332 946. 048 166	398 600. 436 233
月球	27 068 703. 185 436	4 902. 800 076
火星	3 098 703. 590 267	42 828. 375 214
木星	1 047. 348 625	126 712 764. 800 00
土星	3 497. 901 768	37 940 585. 200 00
天王星	22 902. 981 613	5 794 548. 600 00
海王星	19 412. 237 346	6 836 535. 000 00
	$GM_\oplus/GM_i$	
地月质量比	81. 300 569 069 9	

附录三
常用略缩语

表 C-1　常用缩略语

缩略语	英文全称	中文全称
BCRS	Barycentric Celestial Reference System	质心天球参考系
CIRS	Celestial Intermediate Reference System	天球中间参考系
CODE	Center for Orbit Determination in Europe	欧洲定轨中心
CTRS	Conventional Terrestrial Reference System	习用地球参考系
CVN	Chinese VLBI Network	中国 VLBI 网
DOR	Differential One-way Doppler	差分单程多普勒
DSN	Deep Space Network	深空网
ESA	European Space Agency	欧洲空间局
GCRS	Geocentric Celestial Reference System	地心天球参考系
GIM	Global Ionosphere Maps	全球电离层图
GSFC	Goddard Space Flight Center	美国哥达德航天中心
GTRS	Geocentric Terrestrial Reference System	地心地球参考系
ICRF	International Celestial Reference Frame	国际天球参考架
ICRS	International Celestial Reference System	国际天球参考系
IERS	International Earth Rotation Service	国际地球自转服务
ITRF	International Terrestrial Reference Frame	国际地球参考架
ITRS	International Terrestrial Reference System	国际地球参考系
JPL	Jet Propulsion Laboratory	推进喷气实验室

缩略语	英文全称	中文全称
MEX	Mars Express	火星快车
NASA	National Aeronautics and Space Administration	美国国家航天局
RMS	Root mean square	均方根
SBI	Same Beam Interferometry	同波束干涉测量
SI	International System of Units	国际单位制
SOFA	Standards of Fundamental Astronomy	基本天文学标准程序库
SRP	Solar radiation pressure	太阳辐射压
TAI	International Atomic Time	国际原子时
TCB	Barycentric Coordinate Time	质心坐标时
TCG	Geocentric Coordinate Time	地心坐标时
TDB	Barycentric Dynamical Time	质心力学时
TDT	Terrestrial Dynamical Time	地球力学时
TEC	Total Electron Content	总电子含量
TIRS	Terrestrial Intermediate Reference System	地球中间参考系
TT	Terrestrial Time	地球时
USB	Unified − S Band	统一 S 频段
UT	Universal Time	世界时
UT1	Universal Time	世界时
UTC	Universal Coordinate Time	协调世界时
VHF	Very High Frequency	甚高频
VLBI	Very Long Base Interferometry	甚长基线干涉测量

表 D-1　常用网址

网站名	网址
国际地球自转服务	http://www. iers. org/
国际地球参考系	http://itrf. ensg. ign. fr/ITRF_solutions/
JPL 星历表	ftp://ssd. jpl. nasa. gov/pub/eph/export/
EPM 星历表	https://iaaras. ru/en/dept/ephemeris/epm/
INPOP 星历表	https://www. imcce. fr/inpop
小行星中心	https://minorplanetcenter. net//
行星平均轨道根数	http://www. met. rdg. ac. uk/~ ross/Astronomy/Planets. html
SPICE 工具	http://naif. jpl. nasa. gov/naif/toolkit. html
天体重力场模型	https://pds - geosciences. wustl. edu/dataserv/gravity_ models. htm
GRACE 地球重力场	http://www. csr. utexas. edu/grace/gravity/
太阳活动预报中心	http://rwcc. bao. ac. cn/
哥达德电离层模型	http://nssdc. gsfc. nasa. gov/space/model/ionos/ionos_index. html
哥达德大气模型	http://nssdc. gsfc. nasa. gov/space/model/atmos/atmos_index. html
火星 MCD 大气模型	http://www - mars. lmd. jussieu. fr/
NRLMSISE - 00 大气密度模型	http://uap - www. nrl. navy. mil/models_web/msis/msis_home. htm

续表

网站名	网址
地球海潮模型	http：∥holt. oso. chalmers. se/loading/
国际 GNSS 服务	http：∥igscb. jpl. nasa. gov/
国际激光测距服务	http：∥ilrs. gsfc. nasa. gov/
国际 VLBI 服务	http：∥ivscc. gsfc. nasa. gov/
国际激光测距服务	http：∥ilrs. gsfc. nasa. gov/
国际 DORIS 服务	http：∥ids – doris. org/
国际空间数据系统咨询委员会	http：∥public. ccsds. org/
行星数据服务节点	http：∥pds. jpl. nasa. gov/
行星数据服务节点	http：∥www. rssd. esa. int/index. php？ project = PSA
基本天文标准	http：∥www. iausofa. org/
统一月球控制网	https：∥pubs. usgs. gov/of/2006/1367/

索 引

（王彦祥、张若舒　编制）

彩　　插

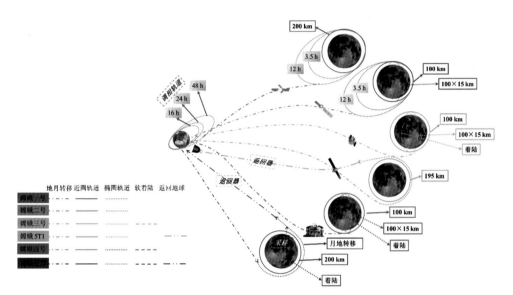

图 1-11　嫦娥系列任务典型轨道阶段

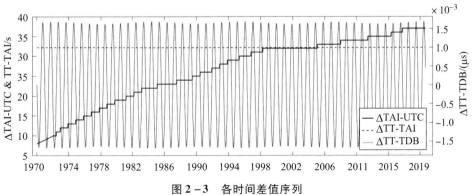

图 2-3　各时间差值序列

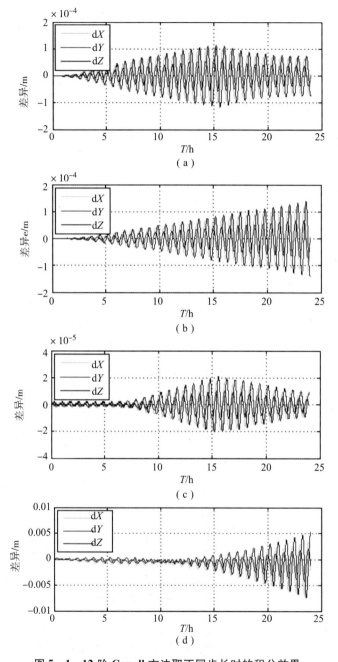

图 5－1　12 阶 Cowell 方法取不同步长时的积分效果

（a）$h = 5$ s；（b）$h = 10$ s；（c）$h = 30$ s；（d）$h = 60$ s

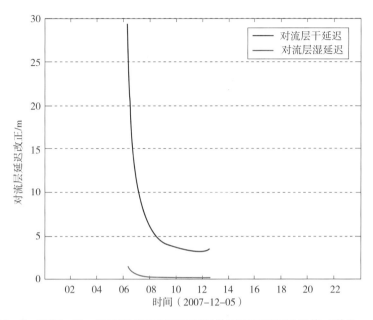

图 7－3　2007－12－15 弧段双程测距观测量的对流层延迟改正值（单位：m）

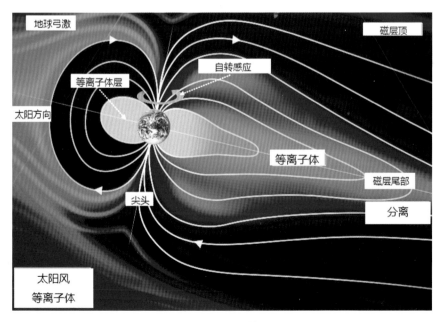

图 7－7　太阳风等离子

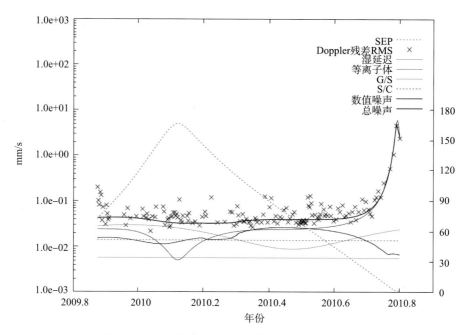

图 7 - 11　罗塞塔号中多普勒数据误差模型与噪声比较

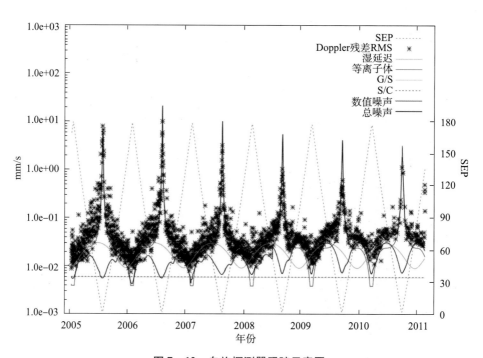

图 7 - 12　自旋探测器跟踪示意图